AF410800

COURS

D'AGRICULTURE ÉLÉMENTAIRE

ET

D'HYGIÈNE VÉTÉRINAIRE.

COURS

D'AGRICULTURE ÉLÉMENTAIRE

ET

D'HYGIÈNE VÉTÉRINAIRE

PROFESSÉS A LA FERME-ÉCOLE DES PLAINES

CANTON DE NEUVIC, ARRONDISSEMENT D'USSEL

(DÉPARTEMENT DE LA CORRÈZE)

SOUS LA DIRECTION DE

M. LE COMTE D'USSEL

Chevalier de la Légion d'honneur

PARIS

IMPRIMÉ PAR E. THUNOT ET Cⁱ

26, rue Racine, 26

1856

TABLE DES MATIÈRES.

PRÉFACE.

En faisant imprimer ce petit cours élémentaire, nous n'avons pas eu l'intention de faire mieux, au point de vue agricole, que les auteurs qui ont traité le même sujet; au contraire, nous nous sommes inspiré de leurs idées, et avons profité de leur expérience. Cet ouvrage n'est donc par le fait que la vulgarisation de leurs principes, mis à la portée des intelligences moins cultivées des habitants de la campagne, et parmi eux des élèves de notre ferme-école. Toutes les matières qui se rapportent à l'agriculture, ont été admirablement traitées, soit par des praticiens spéciaux, soit par des hommes éminents, qui ont abordé le côté scientifique de l'agriculture ; mais les uns et les autres, et ces derniers principalement, ne peuvent être compris que par ceux dont l'instruction a déjà acquis un certain développement et qui ont fait des études spéciales.

Il s'agissait ici de réunir tout ce qui est principe, d'en faire un tout clair et concis, d'employer les expressions les plus vulgaires pour ne pas charger inutilement la mémoire de termes techniques presque toujours incompris du laboureur. Pour atteindre ce but, nous avons pris à chaque auteur les avis qui nous paraissaient les plus utiles, leur empruntant quelquefois même jusqu'à leur rédaction (1). Aussi cet ouvrage est-il comme tant d'autres, une compilation et rien de plus. Il renferme un peu de tout, et même un traité d'hygiène vétérinaire ; il demande, cela est évident, à être complété par l'étude des auteurs qui ont servi à le composer, et qui ont développé tous ces principes ; mais comme il est impossible au cultivateur de se procurer tous leurs ouvrages qui sont nombreux et chers, et qu'il n'aurait même pas le temps de lire, celui-ci, au contraire, peut, à lui seul, former sa bibliothèque agricole, et lui suffire jusqu'à ce que son instruction ayant fait des progrès, il sente le besoin d'étendre ses connaissances, d'étudier et d'approfondir les questions spéciales.

Ce catéchisme, nous le répétons, est rédigé uniquement pour les enfants du peuple, les élèves de notre établissement et les agriculteurs pratiques de notre région : là se bornent toutes nos prétentions à la publicité.

(1) Les auteurs principaux qui ont été consultés et cités sont MM. de Gasparin, Antelme, Villeroy, Stoltz, Schwerg, Bailly, Gossin, et la *Maison rustique*.

COURS

D'AGRICULTURE ÉLÉMENTAIRE

ET

D'HYGIÈNE VÉTÉRINAIRE.

INTRODUCTION.

Formation du sol.

1° Qu'est-ce que le sol? — Le sol est cette couche supérieure de la terre dans laquelle ont lieu les phénomènes de la végétation.

2° En combien de couches divisez-vous le sol? — En trois couches que nous appellerons :

1° Sol actif qui est exposé à l'air, dans lequel on dépose les fumiers et les semences, et qui est entamé par les labours.

2° Le sol inerte qui n'est pas entamé par la charrue, mais qui conserve la même composition et les mêmes qualités que le sol actif.

3° Le sous-sol qui est au-dessous des deux premiers, et qui, n'étant exposé ni à l'air ni au soleil, est improductif.

3° Donnez quelques détails sur le sol actif. — La profondeur du sol actif dépend toujours de celle des labours; il est de l'intérêt du cultivateur d'avoir un sol actif profond: les racines s'y enfoncent sans peine et vont chercher l'humidité et leurs sucs nourriciers dans un plus grand cube de terre.

4° ...... **sur le sol inerte.** — Le changement du sol inerte en sol actif est toujours avantageux : il sert à augmenter l'épaisseur de celui-ci et entretient l'humidité autour des racines des grands végétaux.

5° ...... **sur le sous-sol.** — Le sous-sol acquiert une grande importance selon qu'il est : 1° à une grande ou petite profondeur ; 2° s'il peut ou non servir d'amendement au sol ; 3° s'il est filtrant ou non filtrant.

Principales divisions du sol et sa composition.

1° **Quelles sont les parties constituantes du sol ?** — Elles sont au nombre de trois principales, qui sont : 1° l'alumine, qui est la base de l'argile ; 2° la silice ou sable ; 3° le calcaire ou pierre à chaux ; de là viennent ces trois grandes divisions en terres argileuses, terres sablonneuses et terres calcaires, selon que l'argile, le sable ou le calcaire dominent dans la masse du sol actif.

2° **Dans quelle proportion doivent être mélangés ces trois éléments pour constituer un bon sol actif ?** — Sur 120 parties, il en faut 40 d'alumine ou d'argile, 40 de silice, 37 de calcaire et 3 d'humus ou terre de bruyère. Un sol est peu fertile et devient même infertile s'il contient un de ces éléments avec excès.

3° **Quels sont les inconvénients que présentent les sols dont la base est l'argile ?** — Lorsque l'argile est seule, ils sont tout à fait impropres à la culture, et lorsqu'elle est seulement en trop grande quantité, il est presque toujours fort difficile de trouver le moment de les labourer. En hiver et au printemps, ils forment une pâte tenace que la charrue soulève sans la diviser; l'été, ils deviennent d'une dureté souvent insurmontable, et les labours qu'ils exigent sont encore laborieux et très-coûteux.

4° ...... **dont la base est la silice?** — Ils offrent des inconvénients et des avantages entièrement opposés à ceux des argiles; ils craignent la chaleur, manquent d'adhésion, se laissent trop facilement pénétrer par la chaleur et l'eau, qui les abandonnent ensuite avec la même facilité. Mais aussi, ils sont d'un labour facile et peu coûteux.

5° ...... **dont la base est le calcaire?** — Les sols calcaires ou crayeux ont quatre inconvénients qui les rendent presque entièrement stériles. Le premier est celui d'absorber et de retenir l'eau autant que les argiles, et de former à leur surface une croûte, qui devient imperméable à l'air et à l'eau; le deuxième, d'être par leur couleur blanche extrêmement froids; le troisième, d'être soulevés par les gelées; le quatrième, enfin, d'avoir besoin de fréquentes et abondantes fumures.

Production du sol.

1° **Quelles plantes produisent les sols glaiseux ou argileux?** — Lorsque la glaise ou l'argile prédomine, ils ne donnent que de pauvres récoltes de froment ou d'herbe; mais lorsqu'ils sont rendus moins compactes par le mélange de silice, de calcaire et d'humus, ils conviennent très-bien au froment, avoine, orge, fèves, vesces, trèfle, choux, navettes, pommes de terre et navets.

Lorsque le calcaire ou chaux se trouve en plus grande quantité que le sable et l'humus, ils deviennent propres aux plus riches récoltes, telles que la grande orge, orge d'hiver, froment, chanvre, navets, tabac, colza, garance, maïs, choux, fèves, trèfle, luzerne, etc., etc.

2° Quelles plantes produisent les sols siliceux ou sableux? — Lorsque le sable peut être facilement arrosé en été, ils peuvent encore produire de la spergule, topinambours et sarrasin; cependant ils ne sauraient être mieux employés qu'en prairies. Mais ils arrivent à former une terre assez productive par le mélange avec les argiles.

3° Quelles plantes produisent les terrains qui proviennent du mélange de l'argile avec le sable sans calcaire? — Ce mélange peut former neuf espèces de sols différents ayant chacune des plantes qui leur conviennent plus ou moins, ainsi :

Sable mouvant, seigle.	Argile tenace, blé.
Sable très-peu argileux, seigle, sarrasin.	Argile un peu humide, blé, avoine.
Sable argileux, seigle, sarrasin, avoine.	Argile chaude sèche, blé, avoine, petite orge.
Argile sablonneuse, seigle, sarrasin, avoine, petite orge.	Argile riche, blé, avoine, grosse orge.

Sable et argile par égale portion ou sol neutre, blé, seigle, orge, avoine, sarrasin.

4° Quelles plantes produisent les sols calcaires? — Ils sont à peu près stériles, à moins de frais considérables de culture; quelques-unes des plantes des terrains sableux y donnent de chétives récoltes, telles que : l'orge, trèfle, sarrasin, topinambour, pommes de terre, turneps ; un petit nombre de plantes fourragères y végètent plus ou moins bien, telles que le sainfoin et la pimprenelle. Mais ils deviennent productifs par le mélange avec les argiles et les sables, et lorsque le calcaire se trouve mélangé dans les proportions convenables, ils servent à former les terres franches qui sont les plus fertiles.

5° Récapitulez en peu de mots les productions des sols argileux, siliceux et calcaires. — Le sol argileux est la terre :

1° A froment, à fèves par excellence.
2° Le colza, le trèfle y prospèrent.
3° L'avoine y vient moins bien, l'orge s'y déplaît.

Le sol siliceux produit :

1° Tubercule, sarrasin ;
2° Fourrages variés excellents ;
3° Seigle de hauteur remarquable.

Le sol calcaire est la terre :

1° A sainfoin, à lupuline, à pimprenelle.
2° La culture y introduit le froment.
3° Le seigle y vient, ainsi que l'avoine.

6° Quel est le correctif de ces trois sols? — Du sol argileux, le sable fin par son mélange.
Du sol siliceux, c'est l'argile.
Du sol calcaire, la silice et surtout l'argile.

7° Quels sont les fumiers qui conviennent à ces trois sols? — 1° Au sol argileux, le fumier de cheval, qui, chaud et pailleux, transmet au loin la fermentation en divisant les parties.

2° Au sol siliceux, le fumier de bœufs, qui rend la terre plus serrée par sa viscosité.

3° Au sol calcaire, le fumier de moutons, qui réchauffe et noircit la terre.

Sols secondaires, leurs productions.

1° **Quels sont les sols dont la nature est différente des trois espèces que nous avons étudiées?** — Ils sont en grand nombre et forment des variétés infinies; mais parmi les principaux, nous pouvons citer : 1° les sols quartzeux, graveleux, granitiques; 2° les schisteux; 3° les volcaniques; 4° les terres d'alluvion; 5° les terres à base organique, telles que terres de bois, terres de bruyère, terres tourbeuses.

2° **Sols quartzeux, graveleux, granitiques.** — Ils sont formés par la décomposition des roches quartzeuses et granitiques; lorsque les cailloux qui les forment sont volumineux, on ne peut les utiliser que par des plantations; si les fragments sont moins gros et mélangés avec une plus grande quantité de terre, on peut y semer du seigle, orge, turneps; mais en général ces terrains sont maigres et exigent une grande quantité de fumier.

3° **Sols schisteux.** — La base des sols schisteux est l'argile; ils sont d'autant plus tenaces qu'ils contiennent moins de silice. Les schistes se lèvent par lames et forment les ardoises qui servent à couvrir nos bâtiments. Ces terrains produisent du blé, avoine, petite orge, comme les argiles chaudes et sèches.

4° Sols volcaniques. — Ils sont faciles à reconnaître à leur couleur noirâtre et à leur légèreté, provenant de la cendre qui les a formés. Lorsqu'on peut leur donner une humidité suffisante, ils deviennent d'une fertilité très-grande, et produisent du seigle, sarrasin, avoine, comme les sables argileux.

5° Sols d'alluvion. — Ils sont formés par des éléments de diverse nature, selon les pays qui ont été parcourus par les eaux; toutes les couches différentes, étant mélangées par les labours, donnent un terrain d'une grande fertilité, qui produit du blé, seigle, orge, avoine, sarrasin, souvent même du lin et du chanvre, comme les sols neutres et les terres franches.

6° Sols à base organique. — Les sols à base organique se composent des restes des plantes mortes sur place, les unes entièrement décomposées, les autres à demi décomposées, d'autres enfin n'ayant subi aucune décomposition; on les divise en deux espèces qu'on appelle terreau doux et terreau à tannin.

Le terreau doux est produit par la décomposition des plantes qui n'ont pas de principes acides; il est une partie constituante des bons sols.

Le terreau à tannin est produit par la décomposition des plantes contenant beaucoup de cet acide, telles que le chêne, le châtaignier, les bruyères, fougères, etc. Il ne peut produire de bonnes récoltes que par le mélange de calcaire ou de cendre qui servent à corriger son acidité; la plante qui réussit le mieux est le seigle et l'avoine.

Lorsque le terreau est formé par la décomposition des plantes privées d'air et sous l'eau, il est d'une qualité différente de ceux dont nous venons de parler; il prend alors le nom de tourbe. Lorsqu'il est suffisamment arrosé, il convient à la production de l'herbe; lorsqu'il est brûlé, il donne une riche récolte en avoine, sarrasin; mélangé avec d'autres terres, il produit des navets, pommes de terre, seigle.

Couleur des terres.

1° D'où vient que la terre se montre aux yeux de couleurs différentes? — C'est lorsqu'elle contient des matières colorantes soit végétales, soit minérales : ainsi la terre est noire lorsqu'elle contient des débris végétaux avec excès, comme les terreaux et la tourbe; elle varie du bon au très-bon.

Grise, lorsqu'elle est composée d'alumine, de silice, de calcaire et d'humus dans les proportions convenables; elle varie du bon à l'excellent.

Brune, rouge, jaune, lorsqu'elle contient des parties ferrugineuses; elle a l'inconvénient de brûler quelquefois les petites racines des plantes, mais elle est modifiée par la culture.

Bleue verte, lorsqu'elle contient du cuivre et du soufre, elle peut donner de bonnes productions.

Blanche, lorsqu'elle est argileuse ou calcaire, elle est plus ou moins fertile, mais par le mélange seulement avec d'autres éléments.

CHAPITRE Iᵉʳ.

On a cherché à faire connaître la formation et la composition du sol; à traduire ses qualités et ses défauts; à déterminer les éléments qui constituent les meilleurs comme les plus mauvais terrains, les plantes qui conviennent le mieux à leurs qualités différentes, les fumiers qui sont les plus convenables aux éléments qui les composent; à donner enfin la raison des colorations diverses qu'ils présentent aux yeux, et quels sont les principes qui en sont la cause.

Après avoir reconnu ce qui manque aux terres pour être aussi propres que possible à l'agriculture, il reste encore à rechercher les moyens par lesquels on peut remédier à leurs défauts et rapprocher chacune d'elles de l'état de perfection qui a été indiqué plus haut, perfection qu'il est si rare de rencontrer naturellement. Ces études nouvelles embrassent la grave question des amendements; or les amendements ne s'adressent qu'aux propriétés physiques du sol; ils ont pour but de modifier ces propriétés au profit de la culture.

La marche à suivre, en parlant des amendements, est toute tracée par le but que l'on veut atteindre. Ainsi, augmenter l'humidité des terres sèches, diminuer celle des terres humides, augmenter la ténacité des terres légères, diminuer celle des terres fortes, neutraliser les éléments constitutifs qui sont surabondants, augmenter ceux qui sont en trop petite quantité, pour les ramener au type de la perfection : c'est sur tous ces points que roule la théorie des amendements.

1.

DES AMENDEMENTS.

1° Qu'appelez-vous amendement? — On appelle amendement des substances de natures diverses, qu'on incorpore au sol pour le modifier ou pour changer ses qualités, suivant qu'on le destine à une culture ou à une autre, en un mot pour le rendre plus productif.

Amender, c'est donc mélanger au sol des terres ou autres substances qui établissent dans ses parties constituantes de justes proportions avantageuses pour la culture. On amende le sol labourable pour corriger ses défauts, ou lui donner les qualités qui lui manquent pour en faire une bonne terre.

2° Combien comptez-vous de sortes d'amendements? — Six principaux qui sont : 1° l'humidité que l'on procure aux sols qui n'en ont pas suffisamment et les desséchements qu'on opère sur ceux qui sont trop humides; 2° le mélange du sol actif avec le sous-sol, lorsque le premier n'a point une profondeur convenable; 3° le marnage; 4° le chaulage; 5° les cendres de toute espèce et les boues des routes et des villes; 6° l'écobuage.

3° Quelle est la première chose à faire pour procéder à un amendement? — Avant de s'occuper des modifications que l'on peut faire subir au sol, il est nécessaire de connaître la nature, l'état et la composition des terrains qu'on veut amender, et leurs principales divisions. Ainsi la 1ʳᵉ division comprend les terres blanches, fortes ou froides (sols argileux); la 2ᵐᵉ les terres brûlantes (sols calcaires); la 3ᵐᵉ les terres sablonneuses (sols siliceux).

4° L'eau est-elle un amendement bien puissant en agriculture? — Dans les prairies naturelles qui sont sèches, l'eau est le premier et le plus actif des amendements. Outre qu'elle entraîne sur le sol des matières azotées qui servent à la nourriture des plantes, elle contribue à l'entretien d'une fraîcheur louable autour de leurs racines, et à leur procurer ainsi un développement qu'il leur serait impossible de prendre dans les temps de chaleur. Les terres arables elles-mêmes, lorsqu'on peut leur donner une certaine humidité, donnent des produits supérieurs. Il est même certaines plantes qui la réclament impérieusement, et qui ne donneraient sans elle que des résultats bien inférieurs au prix de culture.

D'un autre côté, les terres qui sont naturellement trop humides, étant plus sujettes aux gelées d'hiver, perdent souvent les semences qu'on leur a confiées; il faut donc procéder à leur desséchement en employant des conduits d'écoulement en pierre, ou le drainage. Les prairies naturelles, où l'eau séjourne soit à leur surface, soit à l'intérieur, ne donnent que de mauvais fourrages et en petite quantité; il faut se servir, pour les amender, du même procédé que pour les terres en culture.

5° Quels sont les avantages et les inconvénients du mélange du sous-sol avec le sol actif? — Le mélange du sous-sol avec le sol actif a pour but d'augmenter la profondeur de celui-ci et, par cela même, de le rendre propre à la culture d'un plus grand nombre de plantes. Ainsi les céréales et la plupart des plantes fourragères ont leurs racines traçantes et réussissent même dans 0,15 c. de terre végétale; mais celles qui sont pivotantes et les tubercules exigent un sol d'autant plus profond que leurs racines ont une plus grande tendance à s'enfoncer.

Cependant dans ces défoncements il faut agir avec une grande prudence, et ne procéder que peu à peu. Si le mélange était fait en une seule opération, le sol actif se trouverait perdre de son activité végétale, par la présence d'une trop grande quantité d'éléments rendus improductifs par l'absence des influences atmosphériques et du soleil. Le laboureur se trouverait ainsi avoir rendu stérile pour plusieurs années une terre qui lui donnait des récoltes passables. Il faut donc procéder peu à peu et opérer ce mélange tous les ans et en petite quantité.

6° Qu'est-ce que la marne? — La marne est une espèce de pierre tendre de différentes couleurs, qui se délite à l'air, à la gelée et à l'eau, et fait effervescence avec les acides ; elle est composée d'argile, de calcaire et de sable, et selon qu'elle renferme une quantité plus ou moins considérable de l'un de ces trois éléments, elle prend le nom de marne argileuse, marne calcaire et marne sablonneuse ; elle est le meilleur des amendements, parce qu'elle est à la fois argileuse, calcaire et sablonneuse.

7° De la marne argileuse. — La marne argileuse contient quarante pour cent de calcaire, cinquante d'argile et dix de sable. Cette marne forme un excellent amendement pour les terres sablonneuses ; elle augmente leur consistance et empêche qu'elles ne perdent trop facilement leur humidité.

8° De la marne calcaire. — Cette marne contient soixante-six pour cent de calcaire, vingt-cinq d'argile et neuf de sable ; elle convient pour ameublir les terres fortes et compactes, et sert à les rendre plus perméables à l'air et à l'eau ; elle serait nuisible aux terres légères.

9° De la marne sablonneuse. — La marne sablonneuse contient ordinairement cinquante à quatre-vingts pour cent de sable, dix d'argile et de dix à quarante de calcaire ; on l'emploie sur les terres fortes et argileuses, comme la précédente espèce, quoique avec moins d'avantage.

10° Quelle quantité de marne doit-on employer?

—Cela dépend de plusieurs circonstances : plus la marne est ou calcaire ou sablonneuse, moins il en faut dans les terrains de sable, et plus on doit en mettre dans les terres fortes et argileuses; plus au contraire le sol est sablonneux, plus aussi il a besoin de marne argileuse.

11° En quoi consiste le marnage? — On appelle marnage l'opération qui consiste à amender le sol au moyen de la marne. L'èffet produit par cette opération dure depuis dix jusqu'à vingt ans, suivant la quantité de marne qu'on emploie; après ce laps de temps, il est indispensable de répéter la même opération.

12° A quelle époque doit-on faire cette opération? — C'est ordinairement sur la jachère, ou sur le sol destiné aux récoltes sarclées qu'on emploie le marnage. Après avoir déchaumé, on conduit la marne, en automne ou dans le courant de l'hiver, sur le champ non labouré; on l'y dépose en petits tas, ou on la répand immédiatement. Au printemps, lorsqu'elle est bien délitée, on y fait passer la herse et le rouleau, afin d'émietter les parties qui n'ont pas été attendries par les gelées. On mélange ensuite la marne avec la terre, au moyen de labours légers; et lorsqu'elle est suffisamment incorporée au champ, on y dépose les semences.

13° Qu'est-ce que le calcaire?—Le calcaire dans l'état naturel, et séparé de tout corps étranger, est composé de cinquante-six parties de chaux et de quarante-quatre d'acide carbonique. Par la cuisson ce dernier s'évapore; il ne reste plus qu'une pierre de chaux qui, fondue par l'eau, donne la chaux vive qui ne peut plus se reconstituer en calcaire. Lorsqu'au contraire on la fait fuser à l'air, elle tombe en poussière et, par l'absorption de l'humidité, parvient avec le temps à reconquérir l'acide carbonique et à former de nouveau du calcaire.

14° La chaux est-elle un amendement bien énergique ? — La chaux, ou calcaire dépouillé de son acide carbonique, est devenue la base de l'agriculture en Europe, où l'on ne comprendrait pas une bonne agriculture qui en fût privée. Son emploi ne cesse de s'étendre, et il est évident qu'elle est en première ligne parmi les amendements.

15° Dans quels sols la chaux produit-elle les meilleurs résultats ? — La chaux convient aux sols qui ne contiennent pas déjà du calcaire. Ainsi les terrains granitiques, schisteux, sablonneux et argileux, ceux humides et froids, les terreaux ou terres de bruyère, les terres infestées de chiendent et d'autres mauvaises herbes, celles où l'on ne recueille que du seigle, des pommes de terre et du sarrasin ; tous ces sols ne renferment point de principes calcaires, et tous les amendements où ils se rencontrent leur donneront les qualités et y feront naître les produits des sols calcaires.

16° De quelle manière la chaux agit-elle sur le sol ? — La chaux possède à un haut degré la faculté de diviser les argiles compactes, les terres fortes, les argiles grasses ou maigres ; elle désorganise les débris végétaux, les convertit en terreau doux, en engrais ; elle s'empare en même temps des acides qui se forment pendant la décomposition végétale, et neutralise leur action corrosive.

17° Qu'appelez-vous chaulage ? — On appelle chaulage l'opération qui consiste à mêler une certaine quantité de chaux à la terre. Le chaulage s'exécute de la même manière que le marnage ; seulement il faut proportionnellement moins de chaux pour amender un terrain : on met la chaux en petits tas sur le champ ; et lorsqu'elle est complétement éteinte, on la répand à la pelle sur toute la superficie ; on la mélange ensuite à la terre labourable, au moyen de labours peu profonds. Cette dernière précaution est essentielle, parce que la chaux, qui par sa pesanteur tend toujours à descendre, n'aurait qu'une action de peu de durée si on l'enterrait à une trop grande profondeur.

18° Doit-on répandre la chaux avant ou après les fumiers? — Il faut éviter avec soin d'employer la chaux en même temps que le fumier, attendu qu'elle le décomposerait trop vite. Ainsi, avant le premier labour, la chaux; avant le labour des semailles, le fumier : alors il n'y a plus de pertes à redouter.

19° Dans quelle proportion faut-il répandre la chaux sur le sol, et quelle est la durée de cet amendement? — La consommation annuelle des végétaux étant à peu près de trois hectolitres par hectare; on doit employer de quarante à soixante hectolitres dans les terres sablonneuses, légères, et le double au moins dans les terres défrichées récemment. Cet amendement dure de dix à quinze ans, et même jusqu'à vingt si l'on a employé la chaux en compost avec des végétaux et des cendres. Le surplus de la consommation annuelle se conserve dans la terre et sert à former une réserve qui, à la longue, dispense pendant longues années de continuer le chaulage.

20° Les amendements dispensent-ils de fumer les terres? — Il faut être bien convaincu que les amendements ne sont point des fumiers, et que leur emploi ne dispense pas de ceux-ci. Utilisée seule, la chaux épuise les terres; elle décompose l'humus, les feuilles, les tiges, les racines des plantes avec une grande rapidité; développe par conséquent une belle végétation; mais quand tout cela est décomposé, quand le sol est dépouillé de tous ses engrais, de tous ses débris, la production cesse.

21° Les cendres sont-elles un amendement? — Les cendres sont un amendement et en même temps un engrais. Les effets qu'elles produisent sont bien moins durables que ceux de la chaux et des marnes; mais aussi elles ont l'avantage d'exiger moins de fumier. Elles sont de nature différente, selon les corps dont elles proviennent; quelquefois même elles n'ont aucune qualité semblable. On peut en compter de trois espèces principales : les cendres de bois, celles de tourbe, et enfin celles qui sont le produit de la combustion de la houille.

22° Les cendres de bois. — Les cendres de bois se divisent en deux espèces : les cendres vives et les cendres lessivées. Les premières ont un effet bien plus actif sur la végétation que les secondes, en ce qu'elles contiennent une quantité notable de potasse qui agit directement sur la nutrition des plantes; elles ameublissent les sols argileux, donnent de la consistance aux sols légers, détruisent les mauvaises herbes et conviennent plutôt aux sols humides qu'aux secs; mais il est nécessaire qu'ils soient bien égouttés. La quantité qu'on met est à peu près de trente hectolitres par hectare.

23° De la charrée. — Les cendres lessivées ou charrées ne contiennent plus de potasse que l'eau leur a enlevée presque entièrement; aussi agissent-elles plus comme amendement et moins comme engrais. Elles ne sont appréciées que pour les sulfates et phosphates terreux qu'elles contiennent et, qui, absorbant les acides des terrains aigres, changent la nature du sol et lui permettent de donner de bons produits. On les répand à la dose de cinquante à soixante hectolitres par hectaré.

24° De la tourbe. — L'emploi de la tourbe comme engrais nécessite des précautions telles qu'il vaut mieux la brûler et se servir des cendres; on en répand quarante hectolitres par hectare et leur effet est semblable à celui des cendres vives.

25° Cendres de houille. — Les cendres de houille, ou charbon de terre, diffèrent essentiellement de celles de bois, en ce qu'elles ne renferment que très-peu de potasse. Elles sont à la fois un amendement et un engrais : un amendement, car elles sont à peu près entièrement composées de carbonate de chaux, propre à diviser les argiles ; un engrais, parce qu'on y trouve un peu de potasse et une quantité très-notable de terre calcinée. On en met quarante hectolitres par hectare.

26° De quelle manière doit-on répandre la cendre sur le sol? — On emploie, en général, les cendres de deux manières, soit directement, soit par leur mélange avec des fumiers ou composts. La première est la plus naturelle; la seconde, la plus productive; mais dans l'une comme dans l'autre, il faut avoir le soin de les répandre sèches sur un terrain bien desséché : si les terres sont trop argileuses et par conséquent trop humides, les sels solubles de ces cendres, étant dissous par l'eau, descendent dans les couches profondes et s'éloignent des racines qui ne peuvent plus s'en nourrir; c'est donc par cette raison que les cendres semées en temps de pluie sont un engrais perdu pour les céréales.

27° A quelles plantes les cendres profitent-elles le plus? — Les cendres profitent beaucoup aux céréales, aux prairies naturelles, aux pommes de terre, et principalement aux végétaux dont les racines s'enfoncent profondément dans la terre.

28° Quelle est la saison la plus convenable pour l'emploi des cendres ? — Les cendres s'emploient dans toutes les saisons, à l'exception de l'hiver. Au printemps, on les emploie de bonne heure sur les prés et pâturages, puis à la semaille des orges et avoines ; dans le cours de l'été, elles fécondent les navettes et les blés noirs ; et enfin en automne on les emploie pour la semaille des froments et des seigles.

29° Terres de routes. — Les terres de routes sont argileuses, siliceuses ou calcaires, selon la qualité du sol qui les a formées. On doit donc les employer dans les terres qui sont privées de ces éléments. Elles agissent comme amendement et comme engrais. Cela se conçoit : constamment divisées, broyées, exposées aux influences atmosphériques, imprégnées par les excréments des animaux, leur urine, leur écume, elles acquièrent une puissance de végétation très-considérable ; mais il faut avoir soin de les mélanger aux terres, selon qu'elles peuvent leur apporter les éléments qui leur manquent ; leurs effets les plus remarquables sont produits sur les prairies arrosées et humides.

30° Qu'est-ce que l'écobuage? — L'écobuage ou défrichement est cette opération qui consiste à enlever avec des instruments la partie supérieure d'une terre gazonnée ou couverte de végétaux ligneux, tels que les bruyères ; de les disposer en tas et de tout réduire en cendre par le moyen du feu.

31° Quels avantages peut-on retirer de cette opération? — Il en est plusieurs qui ont une grande importance : le premier est la transformation des végétaux en cendre, et la destruction complète de toutes les mauvaises herbes ; le deuxième, la neutralisation des acides répandus dans le sol, par le mélange avec la cendre ; le troisième, la conversion en chaux des parcelles de calcaire qui peuvent se trouver dans le sol ; le quatrième enfin, l'incinération de la terre, opération qui produit un véritable engrais.

32° Effets de l'écobuage. — Ainsi, pour nous, l'écobuage a deux effets bien remarquables. Le premier, qui consiste à brûler la terre sur place, n'est qu'un moyen mécanique de désagréger les argiles compactes et de produire accidentellement de l'engrais, par l'incinération des végétaux ou de leurs détritus. Le deuxième, c'est plus que cela : écobuer un sol argileux ou marneux, c'est fabriquer un engrais, c'est produire des silicates solubles ; la preuve en est qu'en prenant de l'argile, la faisant calciner au feu, et la répandant sur des céréales après l'avoir réduite en poudre, on reconnaîtra en peu de temps l'action de l'engrais.

33° Quels sont les terrains qui conviennent le mieux à l'écobuage ? — Ce sont les terrains argileux et marneux qui se trouvent divisés par la calcination et engraissés par l'incinération des végétaux ou de leurs détritus ; les tourbières, où il est un des plus puissants et des plus prompts moyens de mise en culture ; les marais desséchés, où son utilité est incontestable, par la destruction des nombrenses racines charnues qui végètent de préférence dans les localités humides ; les vieilles prairies, où les éléments de terreaux sont nombreux et ont besoin d'être excités à la fermentation. Quant aux sols légers, sablonneux, l'écobuage leur est peu profitable. Comme amendement, il diminue encore leur consistance, et comme excitant, il ne trouve pas assez d'éléments constitutifs pour les employer convenablement ; il ne faut donc approuver l'écobuage sur de tels terrains qu'avec le concours d'abondants engrais.

34° Quelles sont les plantes qui réussissent le mieux sur les terrains écobués ? — Toutes les crucifères s'en trouvent généralement bien, les légumineuses, les pommes de terre, les seigles, avoines, sarrasins ; mais, encore une fois, il ne faut pas oublier que l'emploi des amendements ne dispense point de l'emploi des engrais proprement dits, à moins qu'il ne s'agisse de défriches récentes, comme dans les circonstances dont il s'agit ici.

Ainsi, en principe général, il ne faut écobuer que les terrains riches en plantes, en racines, en tiges, en terreaux; sinon, le résultat ne paye pas les dépenses de l'opération. Il ne faut répéter cet amendement que lorsque les végétaux sont reproduits, et s'arrêter dès que la terre cesse d'être garnie d'une quantité suffisante d'herbes.

CHAPITRE II.

DES FUMIERS.

On vient de traiter les moyens de modifier les propriétés physiques des terrains, de manière à les rendre plus propres à la végétation; désormais, les plantes y trouveront un local meuble qui donnera un appui convenable à leurs racines. Dans un pareil sol, elles peuvent vivre en puisant dans l'atmosphère les éléments qui leur sont indispensables; mais il est certain aussi que leur vie ne sera point complète et qu'elles n'atteindront leur entier développement que lorsque l'art suppléera aux substances qui manquent au sol, par le moyen des engrais et des fumiers.

1° Qu'entendez-vous par engrais? — On appelle engrais toute matière de nature végétale, animale ou minérale, dont le mélange avec la terre favorise la végétation en fournissant aux plantes une nourriture convenable.

2° En quoi les engrais diffèrent-ils des amendements? — Les engrais diffèrent des amendements, en ce qu'ils agissent plus spécialement sur la végétation et sur les plantes mêmes, tandis que les amendements n'agissent que sur le sol en rendant plus divisible celui qui est compacte, et en donnant plus de liaison à celui qui est trop léger et trop mouvant.

3° **Les engrais sont-ils indispensables à la culture ?—** Sans les engrais la terre labourable serait bientôt épuisée ; il est donc de toute nécessité de renouveler ses forces nutritives et stimulantes, par une bonne fumure répétée en temps convenable, en quantité et de qualité telles que l'exigent la nature du terrain et l'espèce de plantes qu'on veut y cultiver.

4° Division des engrais. — On divise les engrais en trois classes distinctes : 1° les engrais organiques ; 2° inorganiques ; 3° les composts.

Les engrais organiques se subdivisent en : 1° engrais végétaux ; 2° engrais animaux ; 3° engrais végétaux-animaux ou fumiers.

ENGRAIS ORGANIQUES.

5° Engrais végétaux. — Les engrais végétaux sont ceux que donnent les débris décomposés des plantes végétales. Ce sont les plus abondants dans la nature. Ces engrais ne valent pas les fumiers ordinaires ; mais leurs effets sont encore assez avantageux pour qu'on les emploie partout où se fait sentir le manque d'engrais.

6° Quelles sont les plantes qui peuvent servir d'engrais? — Ce sont les luzernes, trèfles, sainfoins, pois, vesces, fèves, gesses, sarrasin ; enfin toutes les plantes qui, étant de prompte et belle venue, périssent dès l'instant de leur enfouissement. Ces plantes doivent être enfouies dans le moment de leur plus forte végétation, qui est celui où elles sont en fleurs. Plus tôt, elles renferment trop d'acide et trop peu de matières nutritives ; plus tard, la tige, devenue ligneuse, est d'une décomposition lente et difficile.

7° Dans quelles circonstances doit-on se servir des

engrais enfouis? — On les applique : 1° lorsqu'on a des terrains où le charroi devient impraticable; dans ce cas, ils se trouvent tout transportés; 2° dans les terrains pauvres et maigres où l'argile manque et qui sont sujets à la sécheresse; ils entretiennent alors une humidité favorable à la végétation et enrichissent le sol par leur décomposition; 3° lorsque les végétaux que l'on veut cultiver préfèrent une fumure légère à une plus substantielle; dans ce troisième cas, ils maintiennent la bonne qualité des produits en n'activant que modérément la végétation.

8° Les engrais verts conviennent-ils à tous les terrains? — Les engrais verts, en se décomposant, forment des acides qui se maintiennent longtemps si on les applique à des terrains argileux; ils les refroidissent encore plus et les rendent aigres par cet excès d'acide qui ne trouve ni chaux ni cendre. Pour neutraliser leur action, il faut donc, dans ce cas, enfouir, simultanément avec les plantes, de la chaux ou des cendres, comme correctifs des fâcheux effets de l'acidité.

Lorsqu'il s'agit des terrains siliceux, arides, brûlants, les engrais verts sont d'un bon effet, puisqu'ils fournissent un peu d'humidité; mais ici encore, comme dans les sols argileux, il faut neutraliser l'effet des acides par le moyen d'un amendement calcaire. En général, dans les sols dont la base est calcaire, les engrais verts donnent d'excellents résultats.

9° Engrais animaux. — Si les engrais verts sont les plus abondants, les engrais animaux sont les meilleurs; il en résulte que quoiqu'ils soient moins abondants, si l'on savait utiliser tous ceux qui se perdent, ils rendraient autant de services que les premiers à l'agriculture.

Les engrais animaux sont donc les débris en décomposition du corps des animaux. Ceux employés le plus souvent sont le sang, les os, les matières fécales et les urines.

10° Comment doit-on employer ces substances ? — Pour faciliter l'emploi du sang, on le mêle avec de la terre et on le dessèche au four. Les os sont réduits en poudre qui est mélangée, soit sur les grains avant de herser, soit avec la terre préalablement labourée. Les matières fécales doivent être conduites à l'état liquide dans les champs labourés ou dans les prairies où on les répand à la pelle ; on peut encore les dessécher, les réduire en poudre, qu'on nomme *poudrette*, et les répandre ainsi sur les champs préparés. Les urines doivent être soigneusement recueillies dans les fosses à cet effet placées près des écuries et du tas de fumier, que l'on arrose avec lorsqu'il est trop sec ; ce qui en reste est transporté aux champs et sur les prairies ; ces dernières, arrosées par les urines lorsque le printemps est trop sec, en sont remarquablement améliorées et donnent une très-grande abondance de fourrages.

11° Quelles sont les autres substances animales propres à former des engrais ? — Elles sont en grand nombre, mais en quantité pondérative bien inférieure aux quatre dont nous venons de parler. Ainsi nous avons la chair des animaux, celle des poissons, les sabots, cornes, poils, plumes ; toutes ces matières doivent être employées préférablement en compost avec de la chaux ; la laine et les chiffons qui doivent être coupés en petits morceaux ; la colombine, les eaux grasses, etc.

12° Quelles sont les plantes qui profitent le mieux des engrais animaux ? — Les débris d'animaux forment des engrais puissants, qui sont surtout utiles dans les terrains froids, et pour la production de certaines plantes auxquelles on veut donner un développement vigoureux, telles que le chanvre et le tabac. La végétation des plantes fourragères en est également activée; mais ils conviennent beaucoup moins aux céréales, tubercules et légumes, auxquels ils donnent souvent un goût désagréable.

13° Engrais végétaux-animaux. — Les engrais végétaux-animaux, ou engrais mixtes, sont formés par le mélange des pailles ou feuilles de plantes avec les urines et les fientes des animaux domestiques. Ces engrais, appelés fumier d'étable, sont ceux auxquels l'agriculture doit accorder le plus de confiance et qui sont le plus faciles à se procurer. On les divise en fumiers chauds et fumiers froids.

14° Fumiers chauds. — Le fumier de cheval est désigné sous le nom de *fumier chaud*; de tous, c'est celui qui est le plus riche en azote, et, par conséquent, fermente plus promptement; il convient à tous les végétaux et particulièrement aux terrains froids et humides.

Le fumier chaud provient d'une alimentation sèche, comme de fourrages et de grains secs; il n'apporte donc pas à un sol déjà humide une humidité plus grande encore.

Le fumier de mouton, comme le précédent, est un engrais chaud et très-actif; il convient aux mêmes sols, mais non pas également à toutes les plantes, à raison de la présence d'une quantité notable de soufre qui entre dans sa composition; il donne une saveur désagréable aux plantes destinées à la nourriture de l'homme. Les crucifères sont les plantes auxquelles ce fumier convient le mieux, tels que choux, navets, colza, etc.

15° Fumiers froids. — Le fumier de vache, provenant d'une alimentation aqueuse et peu nourrissante, est moins riche en azote, et par conséquent plus lent à fermenter; aussi les graines de toutes sortes qui s'y trouvent ont-elles le temps de germer et de se développer dans les champs lorsqu'on les répand trop tôt.

Ce fumier, moins riche que les fumiers chauds, convient mieux cependant à la culture des céréales; mais il faut l'employer plus particulièrement dans les terrains calcaires et secs, et éviter de le mettre dans ceux humides et froids.

Le fumier de porcs est encore plus froid et plus plus aqueux que le précédent; aussi est-il d'une qualité inférieure, provenant de la mauvaise nourriture qu'on leur donne ordinairement. Ce qui le prouve, c'est la supériorité du fumier de ceux qui sont nourris de grains, de pommes de terre ou de glands, sur celui de ces animaux auxquels on ne donne que des herbages crus ou cuits. Ces effets sont surtout remarquables sur les prairies naturelles.

16° Doit-on mélanger ensemble tous les fumiers? — Il serait bon que les fumiers des différentes espèces d'animaux ne fussent pas confondus ensemble, puisque, n'étant pas tous de même nature, ils ne conviennent pas également aux mêmes sols et aux mêmes plantes; il semble bien plus convenable de les tenir dans un local séparé et de les utiliser selon l'exigence des plantes et du terrain.

17° Quels sont les moyens d'augmenter la qualité et la quantité des fumiers? — La qualité du fumier est toujours en rapport avec la quantité d'aliments qu'on donne aux bestiaux. Il faut donc en entretenir un nombre proportionné à l'étendue du sol que l'on cultive, leur donner à l'étable une nourriture abondante et de bonne qualité : deux bêtes bien nourries produisent plus que quatre qui ne reçoivent qu'une chétive nourriture.

Les qualités de fumier dépendent : 1° de la nature des

aliments donnés au bétail; 2° de l'exercice qu'on leur fait prendre; 3° de la nature de la litière qu'on lui fournit; 4° de l'emplacement choisi pour la mise en tas du fumier; 5° des soins ultérieurs auxquels on le soumet.

18° De la nature des aliments donnés aux bestiaux. — Si la nourriture est verte, fade et aqueuse, l'urine et les matières fécales sont abondantes, mais de médiocre qualité; avec un bon fourrage vert, une nourriture sèche en bon foin, trèfle, sainfoin et avoine, on aura des déjections moins abondantes, mais plus riches en principes fertilisants.

19° De l'exercice qu'on fait prendre aux animaux. — L'engrais du bétail qui est assujetti à des travaux pénibles perd beaucoup de ses qualités; celui, au contraire, qui provient des bêtes qui font un exercice modéré, devient beaucoup plus riche en principes azotés; aussi les fumiers des animaux des maîtres de poste sont-ils inférieurs à tous les autres.

20° De la nature de la litière qu'on leur fournit. — La litière doit être bonne, abondante et spongieuse, afin de retenir les déjections liquides qui, sans ces conditions, s'infiltrent dans la terre et sont perdues pour l'agriculture. La meilleure est fournie par la paille de froment, d'orge, d'avoine et de seigle; lorsqu'on ne peut s'en procurer en quantité suffisante, il faut les remplacer par des feuilles sèches, des pailles de pois, de vesces, de sarrasin, bruyères, fougères, genêts, mais broyées autant que possible. Dans quelques exploitations, on fait litière avec de la terre sèche que l'on remplace dès qu'elle est suffisamment imprégnée d'excréments.

21° De l'emplacement choisi pour la mise en tas des fumiers. — L'emplacement choisi pour la mise en tas des fumiers doit être disposée de telle sorte que le purin, ou liquide qui en découle, puisse se réunir dans une fosse unique pour servir à arroser la masse en fermentation, qui, sans cette précaution, s'échaufferait trop et subirait une décomposition rapide en pure perte. Il faut que cet emplacement soit au nord, à l'abri du soleil et de la pluie : d'une part, la fermentation sera plus régulière, et on ne sera pas soumis à l'influence de miasmes insalubres ; de l'autre, étant abrités contre les chaleurs trop vives qui dessèchent et les pluies trop abondantes qui élavent, les fumiers conserveront toute la force et toutes les qualités qu'ils sont susceptibles de posséder.

22° Des soins ultérieurs auxquels on les soumet. — Il importe essentiellement d'arroser de temps en temps le tas de fumier en été, soit avec du purin, soit avec de l'eau ordinaire, afin que la fermentation agisse régulièrement ; il est encore très-important de diviser le local où l'on met les fumiers en deux parties séparées l'une de l'autre par la fosse à purin, afin de pouvoir les employer au degré de fermentation que nécessitent les plantes auxquelles on les destine.

23° Faut-il employer le fumier frais ou pourri ? — Lorsqu'il est frais, il renferme beaucoup de mauvaises graines qui infectent les récoltes ; aussi ne l'emploie-t-on que pour les plantes sarclées. En cet état, il est plus particulièrement propre aux terres argileuses et compactes qu'il réchauffe et rend plus poreuses ; son effet sur les récoltes est moins évident lorsqu'il est pourri complétement ; car il a perdu beaucoup de sa richesse par l'évaporation. Il faut, pour avoir un fumier de bonne qualité, prendre un terme moyen, et le conduire aux champs dès que la bêche peut l'entamer, c'est-à-dire ni trop frais ni trop décomposé.

24° Quelle est la quantité de fumier qu'on doit donner aux champs? — Elle ne saurait être rigoureusement déterminée et varie suivant l'état et la nature des terres; elle doit aussi se régler sur l'espèce de plantes qu'on veut cultiver. Plus elles sont épuisantes, plus la quantité doit augmenter : dans les terres chaudes, sèches, légères, le fumier est décomposé promptement; aussi en faut-il peu et souvent; les terrains froids et compactes, au contraire, en supportent une plus grande quantité; on peut donc leur donner une plus forte fumure et en retirer plusieurs récoltes. Cependant, en règle générale, on ne doit jamais fumer trop abondamment; mais il est bien rare qu'on tombe dans cet excès : d'après une estimation moyenne, 20,000 kilos forment une faible fumure; 30,000 kilos par hectare maintiennent le sol en état de fertilité, et 40,000 kilos forment une forte fumure.

25° Doit-on fumer au printemps ou en automne? — Les engrais doivent être appliqués plusieurs mois avant la pousse, c'est-à-dire en automne, pour les végétaux à racines profondes, afin que les sucs nourriciers leur arrivent au moment de la séve; mais ils doivent être appliqués peu de jours avant la germination, pour les végétaux à racines traçantes. Si on laissait trop d'intervalle, les sucs descendraient plus bas que les racines et ne pourraient les atteindre au moment où elles auraient besoin de s'en nourrir.

ENGRAIS INORGANIQUES.

1° Du plâtre. — Parmi toutes les substances inorganiques qui peuvent servir d'engrais, le sulfate de chaux, ou plâtre, est la seule qui puisse être entièrement rangée dans cette classe. Elle n'exerce aucune influence sensible sur la nature du sol ; mais elle développe d'une manière toute particulière la croissance des plantes légumineuses, telles que trèfle, luzerne, sainfoin, pois, haricots, fèves, celle des crucifères, tels que choux, navets, colza, de toutes celles enfin qui veulent une nourriture contenant du soufre.

2° Comment emploie-t-on le plâtre? — Le plâtre s'emploie ordinairement non calciné et réduit en poudre, à la dose de 200 à 300 kilos par hectare. On le répand à la main sur les plantes, lorsqu'elles ont quelques centimètres de hauteur ; on choisit ordinairement pour cette opération un temps calme, après une rosée ou une pluie légère qui doivent le dissoudre : lorsque le temps est trop sec, cette dissolution ne peut avoir lieu ; et, par conséquent, le plâtre ne produit aucun effet sur la végétation.

3° Quelles sont les plantes qui profitent le plus du plâtrage? — Nous avons dit que les plantes légumineuses et crucifères sont celles que le plâtrage favorise le plus ; mais il est ici une observation très-importante à faire, c'est qu'il est très-difficile de faire cuire les légumes qui ont été plâtrés : il importe donc de ne pas se servir de cet engrais pour les plantes destinées à la nourriture de l'homme, mais seulement pour celles que l'on doit donner aux animaux.

4° Connaît-on d'autres engrais inorganiques? — Presque toutes les substances que nous avons citées comme propres à amender les terres peuvent aussi, à la rigueur, être comprises parmi les engrais, à raison des substances nutritives qu'elles renferment en plus ou moins grande quantité. Cependant cette raison même ne doit les faire considérer que comme des intermédiaires entre les engrais et les amendements ; ainsi les cendres de toutes sortes de bois, les cendres lessivées ou charrées, les cendres de houille, de tourbe, la suie, les plâtras, les terres de routes, terres cuites, sont-elles comprises dans cette catégorie.

DES COMPOSTS.

1° Qu'appelez-vous compost ? — Les composts sont des mélanges d'engrais formés de substances de natures différentes, placées par couches les unes sur les autres. Avec les composts, on tire parti d'un grand nombre d'engrais qui, pris séparément, n'ont aucune valeur. Ces compositions sont précieuses sans doute ; cependant elles n'offrent pas autant de ressources que les fumiers d'écurie, elles ne sont que les accessoires de ces fumiers.

2° Les composts sont-ils tous de même qualité ? — Les composts doivent toujours être combinés de manière à satisfaire aux exigences des plantes et des sols auxquels on les destine ; aussi doit-on en composer de trois espèces principales : les premières doivent être destinées aux prairies naturelles et artificielles ; les deuxièmes aux céréales ; les troisièmes aux potagers et aux plantes épuisantes.

3° Compost pour les prairies. — La base des bons fourrages est la végétation des plantes légumineuses et graminées ; il s'agit donc de la favoriser. Les engrais riches en potasse et en soufre sont ceux qui la développent le mieux. Ces composts doivent être composés avec de la terre calcaire, quelques poignées de poudre de plâtre, de mauvaises herbes, de débris de foin, de fumier de porcs, enfin de chaux dans la proportion d'un vingtième, pour aider à la décomposition des plantes. Deux ou trois mois suffisent pour former un excellent compost que l'on répand sur les prairies, au moment de la pousse du prin-

temps et de celle des regains; enfin sur les prairies artificielles, dès qu'elles ont un peu de force.

4° Compost pour les céréales. — Ce sont les engrais
riches en potasse qu'il faut donner aux céréales; il faut
aussi une plus grande quantité de chaux, de parties plus
fortement azotées et animalisées. Ainsi, aux débris que
nous avons déjà cités, il faut ajouter ceux d'animaux, des
cendres de houille, du purin, du fumier de vache pailleux;
mais on doit bien se garder de mettre du plâtre.

5° Compost pour les potagers. — Il faut augmenter
encore la dose des substances azotées; mais on doit faire
deux espèces de compost, selon qu'on veut cultiver des
crucifères ou des plantes épuisantes n'appartenant point
à cette famille. Pour les premières, il faut ajouter des
chiffons de laine, du plâtre, des plumes, des matières
fécales, tandis qu'on doit éviter avec soin de mettre du
plâtre et des chiffons de laine dans les seconds.

6° Soins à donner aux composts. — Toutes les matières doivent être superposées par couches, les unes sur
les autres et alternées entre elles, jusqu'à ce que le tas
ait atteint une hauteur d'un à deux mètres; cela fait, on
pratique des trous de haut en bas dans la masse, et on
l'arrose copieusement avec du purin, des eaux grasses,
des eaux de lessive, de savon, des rinçures de tonneaux,
jusqu'à décomposition complète qui arrive ordinairement
après deux ou trois mois. Ils doivent ensuite être fortement remués à la pelle et rester quatre ou cinq jours en
tas, avant d'être chargés pour être transportés et répandus
sur le sol.

CHAPITRE III.

DES LABOURS.

1° Qu'est-ce que les labours ? — Les labours sont la partie la plus importante de tous les travaux agricoles : sans les labours point de produits possibles ; avec de mauvais labours on n'obtiendra que de mauvais résultats ; les engrais les plus abondants, les semences les meilleures ne produiraient que bien peu sans les défoncements profonds. Ainsi donc, plus les labours seront profonds, plus les produits seront abondants.

2° Effets des labours sur les terres. — Les labours ont pour effet d'ouvrir et de retourner la terre, de la diviser et de l'ameublir, de mélanger les différentes parties et de tenir le champ net de mauvaises herbes ; ils servent en outre à enfouir les fumiers et enterrer les semences.

3° Ouvrir et retourner la terre. — C'est en ouvrant la terre et en la retournant qu'on la met à même de subir les influences atmosphériques et d'attirer l'humidité et tous les autres fluides fertilisants qui lui sont indispensables.

4° Diviser et ameublir. — La charrue, la herse et le rouleau émottent la terre, la pulvérisent, l'ameublissent et facilitent par là le développement des racines qui, pouvant s'étendre avec plus de facilité, absorbent davantage de principes nutritifs : plus la terre est désagrégée et meuble, plus aussi elle se trouve dans les conditions de bonne culture.

5° Mélanger les parties. — Le moyen de rendre nos champs également fertiles est de mélanger toutes les parties différentes qui les composent ; ce mélange devient surtout indispensable lorsqu'ils ont été amendés, ou bien lorsque, par un labour trop profond, on a amené à leur surface une partie du sous-sol qui, nous le savons, reste improductif jusqu'à ce qu'il devienne fertile par le contact de l'air et son mélange avec le sol actif.

6° Nettoyer le sol. — Les labours à la charrue facilitent la germination des mauvaises herbes ; elles sont ensuite brisées par la herse, et leurs racines découvertes et exposées à l'air qui les dessèche ; il faut, pour obtenir ce dernier effet, herser vigoureusement le sol, peu de temps avant les nouveaux labours.

7° Combien peut-on compter d'espèces de labours? — Nous pouvons compter quatre espèces de labours : 1° les gros labours préparatoires ; 2° les petits labours d'été ; 3° les labours préparatoires d'ensemencement ; 4° les labours d'ensemencement.

8° Gros labours. — Ils doivent être exécutés avant l'hiver, afin que la gelée puisse diviser les mottes qui sont soulevées par la charrue et les exposer aux influences atmosphériques.

Mais lorsque le champ est infecté de mauvaises herbes, on doit, avant le labour, le faire précéder d'un autre très-superficiel, pour mettre à découvert les racines qui doivent ensuite être énergiquement secouées par la herse ;

cette façon préliminaire doit toujours être employée lorsque le temps et les circonstances le permettent.

9° Petits labours de façons. — On exécute les petits labours au printemps, sur ceux d'automne, en ayant soin de les alterner par de vigoureux hersages; ils servent à préparer la terre à recevoir les semences de printemps.

10° Labours préparatoires. — On exécute les labours préparatoires, depuis les premiers jours du mois de mai jusqu'à la fin de juillet; ils ont pour effet d'enfouir et de détruire les mauvaises herbes; ils doivent être fort légers, afin d'exposer les racines à la chaleur, ou très-profonds pour les priver d'air et les étouffer; mais les premiers sont plus utiles, car il y a plus de terres légères que de profondes.

11° Labours d'ensemencement. — Les labours d'ensemencement doivent être très-profonds et se faire sur les labours préparatoires. Ils doivent diviser la terre, l'ameublir et la désagréger au point qu'elle puisse ressembler à de la cendre. S'il reste des mottes à la surface, on doit passer le brise-motte, la herse, le rouleau, et ne répandre la semence que lorsqu'elle est parfaitement en état; deux ou trois coups de herse suffisent ensuite pour couvrir le grain.

12° Quel est le temps convenable pour les labours ? — C'est principalement pour les terres fortes et compactes que l'on doit choisir le moment où elles ne sont ni trop humides ni trop sèches. Trop humides, les animaux se fatiguent; la terre se masse, s'ameublit difficilement, et les mauvaises herbes ne sont pas détruites. Trop sèches, le labour devient pénible; la charrue ne pénètre pas, et le labour est imparfait. En règle générale, il faut labourer lorsque les instruments pénètrent facilement dans la terre : c'est de là que provient la perfection du travail et même l'abondance des récoltes.

Dans les terres plus légères que fortes, on est rarement en peine sur le choix du temps pour l'exécution des labours. Les champs ne restent pas longtemps trop tendres après la pluie, et la sécheresse ne les durcit que lentement.

Pour les sols sablonneux et graveleux, loin de souffrir du labour lorsque le temps est humide, ils en profitent beaucoup mieux que par un temps chaud et sec.

13° Nombre des labours. — Pour ameubler et diviser convenablement les terres argileuses, il faut quelquefois de nombreux labours. Les terres légères, les sols sablonneux en exigent beaucoup moins ; quelques plantes, telles que les garances, le chanvre, les choux, demandent impérieusement un sol très-ameubli ; mais, en général, le nombre des labours dépend de l'état dans lequel se trouve le champ : s'il est en friche, ou si la récolte précédente était en céréales, on donne trois ou quatre coups de charrue ; si, au contraire, la récolte était sarclée, le binage ayant ameubli la terre, un ou deux labours suffisent ordinairement.

14° Quelle direction faut-il donner aux sillons ? — Dans les terrains dont la pente est médiocre, il faut labourer dans le sens de cette pente ; mais lorsqu'ils ont une inclinaison considérable et qu'on a la sécheresse à redouter, il vaut mieux tracer les sillons en suivant une ligne horizontale ; on fatigue moins les attelages, et la terre et les engrais sont moins facilement entraînés par les pluies.

15° A quelle profondeur faut-il mettre les fumiers ? — On enfouit les fumiers au dernier labour. Si c'est du fumier frais qu'on emploie, il faut l'enterrer profondément, et superficiellement si c'est du fumier consommé.

CHAPITRE IV.

DES ASSOLEMENTS.

1° Qu'entendez-vous par assolements? — C'est l'art de faire alterner les cultures sur le même terrain, pour en obtenir, dans le moindre espace de temps, de fortes récoltes, tout en l'épuisant le moins possible, en ménageant l'emploi des engrais, et arriver à supprimer entièrement l'usage de la jachère.

2° Qu'est-ce que la jachère? — La jachère est une terre arable qu'on n'ensemence pas; elle a pour but de détruire les mauvaises herbes annuelles, de faire périr les plantes vivaces, par leur exposition à la gelée d'abord, et plus tard aux rayons brûlants du soleil d'été. On exécute les labours soit avec la charrue, soit avec la herse, jusqu'à ce que le sol soit parfaitement nettoyé et ameubli; mais on ne doit jamais y avoir recours que contraint par la malpropreté du champ, ou par le manque d'une quantité suffisante de fumier; et même, lorsque ce dernier ne manque pas, on peut éviter la jachère en cultivant les plantes sarclées; c'est ce qu'on appelle culture à jachère.

3° Quelles sont les principales conditions d'un bon assolement? — Il faut : 1° choisir les plantes qui conviennent le mieux au climat et au sol; 2° placer chaque

espèce de récolte dans le terrain qui lui est le plus favorable ; 3' faire précéder et suivre les cultures épuisantes
par d'autres cultures propres à reposer le sol et à lui
rendre sa fertilité ; 4° faire succéder aux plantes d'une
même espèce, d'une même famille, celles d'une autre
espèce, d'une autre famille; aux plantes à racines traçantes, celles à racines pivotantes ; 5° aux cultures qui
facilitent la germination des mauvaises herbes et principalement aux céréales faire succéder celles qui les détruisent ou qui empêchent leur développement.

**4° Peut-on semer, plusieurs années de suite, les
mêmes plantes sur les mêmes terres?** — On a reconnu
depuis longtemps que les diverses espèces de plantes qui
entrent dans la culture épuisent la terre d'une manière
très-différente ; c'est ce qui fait que peu de plantes peuvent être cultivées avec succès, plusieurs années de
suite, sur le même champ (surtout si c'est de la terre et
non de l'atmosphère qu'elles tirent plus particulièrement leur nourriture). Elles ne doivent y revenir qu'a-
près un temps plus ou moins éloigné; sans cela leur
produit irait en diminuant, malgré les fumures. Il faut
donc leur faire succéder d'autres récoltes, puisqu'il est
rationnel, en principe, de ne pas cultiver successivement sur le même sol deux plantes à exigence semblable.

5° Antipathie et sympathie des plantes. — L'expérience démontre que certaines plantes sont incompatibles
avec elles-mêmes ou avec d'autres, et que, par cette
raison, il ne faut les faire suivre qu'à des intervalles plus
ou moins éloignés. Cette incompatibilité est bien plus
grande, plus fréquente et dure plus longtemps des plantes
avec elles-mêmes qu'avec d'autres espèces ; aussi la première dure-t-elle plusieurs années, tandis que la seconde
dépasse rarement le terme d'une seule.

De là, l'utilité d'alterner les récoltes, pour obtenir soit un produit plus élevé, soit une économie d'engrais ou de travail.

6° Quelles sont les plantes qui se succèdent à elles-mêmes avec le moins d'inconvénient?—Toutes les herbes qui servent à la formation des prairies, le chanvre, le tabac, les topinambours, le seigle et l'avoine. Mais remarquez bien vite qu'il faut toujours donner une fumure convenable.

7° Quelles sont les plantes antipathiques avec elles-mêmes? — Les pois, dont la non-réussite est certaine au bout de trois ans, et la réussite douteuse au bout de six ; le trèfle, le lin, dont le succès n'e st assuré dans les bons sols que la septième année ; le froment qui trouve peu d'endroits où l'on puisse le cultiver deux fois de suite, et toujours dans un sol particulièrement convenable ; les pommes de terre, avec une fumure abondante, peuvent être plantées plusieurs années de suite ; mais elles ne produisent pas en proportion des fumiers qu'on leur donne et finissent par être attaquées de diverses maladies, la troisième année, elles donnent bien des fanes, mais peu de tubercules ; elles ne veulent enfin revenir que tous les six ans : ce qui prouve que le fumier et la culture ne sont pas tout pour cette plante ; le colza, revenant tous les deux ou trois ans, donne un produit bien moindre en quantité et en qualité ; enfin les luzernes ne peuvent réussir avantageusement qu'après un laps d'une dizaine d'années.

8° Plantes sympathiques entre elles. — Le Froment vient bien après pommes de terre, trèfle, fèves, tabac, chanvre, garance, maïs

L'Orge vient bien après pommes de terre, fèves, navets, betteraves, choux.

Le Seigle vient bien après pommes de terre, prés rompus, vieille luzerne, écobuage, seigle, orge d'hiver, tabac, chanvre.

L'Avoine vient bien après pommes de terre, prés rompus, vieille luzerne, écobuage, navets, betteraves, trèfle.

Le Chanvre vient bien après garance.

Le Lin   id.   chanvre.

Les Pommes de terre id.   trèfle.

Les Grains d'hiver id.   récoltes coupées en vert.

9° Influence des plantes sur le sol. — Il n'est aucune plante dont les racines enfoncées dans la terre n'absorbent une quantité plus ou moins considérable de principes fertilisants et de sucs nourriciers; mais parmi elles il en est qui lui rendent plus ou moins de ceux qu'elles lui ont tirés, d'autres autant, et d'autres rien du tout. De là nous diviserons les plantes sous le point de vue de leur action sur le sol, ou de leur manière de se nourrir. Ainsi nous les classerons : 1° en plantes qui enrichissent le sol; 2° qui l'améliorent; 3° qui le ménagent; 4° qui l'appauvrissent; 5° qui l'épuisent.

10° Plantes qui enrichissent le sol. — Les seules plantes qui peuvent être regardées comme améliorantes sont celles qu'on enfouit en vert, ou qui occupent le sol pendant une assez longue suite d'années, comme les luzernes, les trèfles, le sainfoin, vesces, ajoncs, genêts d'Espagne, spergule, choux, pastel, chicorée, topinambours, lupins, gazon, fèves, navettes, seigle, sarrasin.

Ces plantes ne tirent pas toute leur nourriture de la terre, mais s'alimentent aussi par l'eau, l'air, les gaz et les autres influences atmosphériques. Il s'ensuit qu'elles sont les plus convenables pour enrichir le sol, puisqu'elles lui rapportent l'équivalent des principes qu'elles en avaient tirés, plus ceux fournis par les autres éléments, et qu'elles rapporteront d'autant plus à la terre que leur végétation sera plus vigoureuse, et qu'elles en retireront d'autant moins de substances.

11° Plantes qui améliorent le sol. — Nous devons compter dans cette catégorie toutes les plantes qui rendent au sol par leurs débris autant qu'elles en ont retiré, et qui, en outre, l'améliorent par les cultures qu'elles exigent : telles sont le colza, le tabac, les féverolles, le maïs.

12° Plantes qui ménagent le sol. — Nous comprenons sous cette dénomination toutes les plantes qui enlèvent peu au sol et ne l'appauvrissent pas. Dans ce cas se trouvent toutes les plantes fauchées en vert, lorsqu'elles sont en pleine fleur et avant la formation des graines, comme vesces, pois, seigle, orge d'hiver, avoine, trèfle blanc, spergule.

13° Plantes qui appauvrissent le sol. — Les plantes tirent d'autant plus de sucs de la terre que leurs racines sont plus nombreuses, tandis qu'elles reçoivent d'autant plus de l'air et des agents atmosphériques que leur végétation extérieure est plus étendue et que leurs feuilles sont plus nombreuses et plus larges. D'un autre côté, les plantes épuisent d'autant plus le sol qu'elles donnent une plus grande quantité de graine : il en résulte que toutes les plantes que l'on récolte après la maturité de leurs graines doivent être plus épuisantes.

Partant de ces principes, nous voyons en première ligne les froments, épeautres, orges d'été, orges d'hiver, seigle, avoine, lin, chanvre, pois, vesces, lentilles, navets, betteraves, colza, choux, pommes de terre.

Les plantes-racines que nous venons de nommer sont aussi épuisantes que les céréales, et cependant nous ne

les mettrons qu'en seconde ligne ; car les nombreuses
façons qu'on est obligé de leur donner laissent le sol dans
un état de préparation tel que, se trouvant ameubli et
tenu net de mauvaises herbes, le fumier profite en entier
aux semences, sans être dévoré par les plantes parasites.

14° Plantes qui épuisent le sol. — Nous appellerons
plantes épuisantes celles auxquelles il faut une grande
quantité d'engrais, qui occupent la terre une année et
plus, et qui ne lui rendent absolument rien de ce qu'elles
en ont tiré. Nous pouvons compter, comme appartenant
à cette classe, le houblon, la garance, les navets en récolte dérobée, les semis de colza, le chanvre, les pavots,
les cardères, le lin, le pastel, la gaude et la réglisse.

15° Choix d'un assolement. — Dans une grande
exploitation, le choix d'un assolement est une chose importante ; mais souvent le cultivateur est contrarié dans
ce choix par des difficultés provenant soit des servitudes
qu'il faut subir, soit du morcellement ou de la position
enclavée de ses terres avec celles de ses voisins. D'un
autre côté, la qualité et la nature du sol étant ordinairement différentes, le mode de culture et la succession des
plantes ne peuvent pas être les mêmes. On ne cultive
pas un mauvais sol comme un bon, il ne faut demander
ni trop au premier, ni trop peu au dernier. On aurait tort
de vouloir cultiver de la même manière une terre légère
et une terre forte : dans la première, on peut faire ce
qu'on veut ; dans la seconde, on fait ce qu'on peut.

Dans chaque localité, les cultivateurs savent par expérience quelles sont les récoltes qui conviennent le plus à
leurs terres ; ils ne doivent donc jamais accepter un système de culture tout à fait immuable, sous peine d'adopter un assolement qui ne leur convient point et d'avoir
une diminution dans les produits. Il faut, autant que
possible, adopter une succession de plantes adaptée aux

exigences de la nature du sol, de sa position, de sa température et de son plus ou moins de sécheresse ou d'humidité.

16° Influence du sol sur les assolements.—La nature des sols variant à l'infini, nous sommes obligé d'établir trois divisions principales sous lesquelles on peut placer toutes les nuances intermédiaires qui les séparent. Dans ces trois espèces de terrains, toutes les plantes végètent parfaitement; il importe seulement de faire choix de celles qui réussissent le mieux sur chaque sol.

La première division comprend les terres siliceuses, légères, sablonneuses, granitiques, calcaires, plutôt sèches qu'humides. La deuxième renferme toutes les terres argileuses, schisteuses, plutôt humides que sèches. La troisième est composée de toutes les terres franches qui, par leur heureuse composition, produisent avec avantage toute espèce de plantes, en ayant soin seulement de se ployer aux exigences de la température.

17° Plantes pour la première division. — La première division produit avantageusement : 1° parmi les graminées annuelles, le seigle, l'épeautre et l'orge; 2° parmi les légumineuses, le sainfoin, la lupuline, le mélilot, le fenugrec, la lentille, l'ers, le lupin, les pois chiches, les haricots; 3° parmi les crucifères, les raves ou turneps, navets, navettes et cameline; 4° parmi les autres familles naturelles, le sarrasin, la gaude, la spergule, la pomme de terre, la patate, le topinambour et le tournesol.

18° Plantes pour la deuxième division. — Cette division produit : 1° parmi les graminées annuelles, du froment, de l'avoine et presque toutes les plantes vivaces propres aux prairies naturelles ; 2° parmi les légumineuses, les fèves, les trèfles, les pois, les vesces, les gesses ; 3° parmi les crucifères, les choux, choux-raves, choux-navets, rutabugas et colza ; 4° parmi les autres familles naturelles, la chicorée sauvage.

19° Plantes pour la troisième division. — Dans cette division nous placerons : 1° parmi les graminées annuelles, l'escourgeon, le millet, le panis, l'alpiste, le sorgho, le maïs et le riz ; 2° parmi les légumineuses, les luzernes, l'arachide, la réglisse et l'indigotier ; 3° parmi les crucifères, le pastel, la moutarde ; 4° parmi les autres plantes naturelles, le chanvre, le lin, la garance, le tabac, la courge, le safran, le pavot, la betterave, la carotte, le panais, le houblon.

20° Quelle est la durée d'une rotation? — Une fois nos trois points de comparaison bien établis, le grand problème est de trouver les plantes qui peuvent s'accommoder au climat et à la position des terres, en alternant, comme nous l'avons dit, les récoltes épuisantes avec des récoltes améliorantes ; il faut ensuite fixer la rotation des amendements : elle s'étend ordinairement depuis deux ans jusqu'à vingt. Le premier terme, qui est le plus court, a l'inconvénient de ramener trop souvent aux mêmes places les mêmes végétaux. Les plus longs ne sont, à proprement parler, que deux ou trois assolements de trois ou six ans, ajoutés les uns aux autres. Ces derniers ne peuvent être suivis que dans des terres excellentes, et encore faut-il donner plusieurs fumures pendant la rotation.

21° Comment doit-on commencer une rotation? — La première année d'un assolement doit toujours être commencée par une jachère ou par une culture de plantes sarclées, afin de laisser le terrain parfaitement meuble et débarrassé de mauvaises herbes. La première récolte doit être très-bien fumée, et le fumier doit être en quantité telle qu'il puisse profiter aux récoltes subséquentes. L'assolement peut être établi de telle sorte qu'il soit indispensable de renouveler la fumure avant l'achèvement de la rotation, sous peine d'épuiser le sol et d'avoir de chétives récoltes.

22° Règle générale et récapitulation. — Nous ne donnerons pas ici d'exemple d'assolements qui ne pourraient être qu'en vue de certaines terres; il est plus rationnel et plus prudent de se servir des principes que l'on a donnés et développés dans ce chapitre pour faire soi-même un choix raisonné; mais, en terminant, on rappellera que les meilleures conditions d'amélioration du sol sont 1° le remplacement de la jachère par des prairies artificielles ou des plantes sarclées; 2° les travaux de culture les plus parfaits; 3° d'abondants engrais; 4° le choix des plantes convenables au climat et au sol; 5° le remplacement dans l'assolement des plantes à racines pivotantes, par des plantes à racines traçantes.

CHAPITRE V.

CULTURE DES PLANTES.

—

CONSIDÉRATIONS GÉNÉRALES.

On a jusqu'à présent essayé de démontrer, qu'en agriculture le point le plus important est la préparation du sol ; qu'une terre profondément défoncée, bien ameublie, bien fumée et débarrassée de mauvaises herbes, présente toutes les conditions favorables pour donner une riche récolte. Après cette préparation se présente ici un point très-important de la science agricole : c'est le choix des graines ; cette importance est telle que les bons ou mauvais produits dépendent souvent de la semence.

1º Quelles sont les graines que l'on doit choisir ? — Les graines destinées à être ensemencées doivent être choisies parmi les plantes provenant des champs qu'on sait propres à produire les plus parfaites et les plus vigoureuses. Toute graine provenant de plante faible ou chétive, est une mauvaise semence, qu'il faut bien se garder de jeter en terre ; car, manquant de la perfection que lui donnent la force et la maturité, elle ne peut fournir à la plante les élémens de vigueur qu'elle ne possède pas. Il faut en outre se garder d'employer des graines produites par une récolte roulée, ou venue sur un terrain ombragé ou fumé avec excès. La semence doit être en outre bien nette, propre et dégagée de toute espèce de graines de plantes parasites.

2° Quelles sont les précautions à prendre pour la conservation des graines destinées à la semence? — Après la récolte, les graines doivent être parfaitement nettoyées; on doit les préserver de l'humidité avec le plus grand soin, les remuer souvent, afin que l'air pénètre bien entre elles et puisse faciliter l'évaporation; car, si elles s'échauffaient, elles pourraient bien ne pas perdre leurs facultés germinatives, mais les plantes resteraient toujours étiolées, maladives et ne donnaient qu'une récolte en quantité et de qualités inférieures.

3° Peut-on reconnaître que les graines sont de mauvaise qualité? — Lorsque les semences surnagent à l'eau, c'est un signe infaillible qu'elles sont impropres à la végétation; on peut donc les rejeter sans autre examen. Mais cependant cela ne suffit pas pour prouver que toutes celles qui ont subi cette épreuve, soient fécondes; il faut, pour s'en assurer, mettre une couche de coton dans une soucoupe à moitié pleine d'eau, couvrir le coton de la semence que l'on veut essayer, et placer le tout dans un lieu où l'eau puisse se maintenir tiède. Au bout de cinq ou six jours, les bonnes graines ne tardent pas à germer, et en comptant celles qui ont levé et celles qui sont restées inertes, on juge facilement de la valeur de la semence.

4° Combien de temps les graines conservent-elles leur faculté de germination? — Le terme moyen des facultés germinatives des plantes est : Pour le tabac, melons, raves, choux, vesces, 7 ans. Pour la laitue, chicorée, 5 ans. Seigle, blé, 4 ans. Spergule, 3 ans. Pois, haricots, trèfle, luzerne, garance, sainfoin, orge, avoine, lin, légumineuses, fourragères, 2 ans. Noix, noisettes, amandes, chanvre, millet et maïs, 1 an.

5° Doit-on donner la préférence aux vieilles ou aux nouvelles graines?—On préfère généralement, pour les semis, les graines nouvelles à celles des récoltes précédentes, parce que, dit-on, elles germent plus facilement. Cependant le vieux grain, bien choisi et bien conservé, produit moins de paille, mais plus de grains; d'un autre côté, il lève moins promptement et court plus de chances de pourriture.

6° Est-il nécessaire de changer de semence? — Le changement de semence n'est point indispensable; cependant il est bon de ne pas remettre continuellement dans la même terre les grains qui en proviennent. En général, il est avantageux de préférer, pour ensemencer une terre sablonneuse, le grain récolté sur un terrain argileux, et celui récolté sur un terrain sablonneux, **pour ensemencer une terre argileuse.** On doit donc approuver le changement de semence, toutes les fois qu'il s'agit de remplacer un produit dégénéré par un produit amélioré. La seule règle générale est d'aller chercher les germes où le produit est le plus parfait dans la même espèce.

7° A quelle profondeur doit-on enfouir les graines? —La profondeur dépend toujours de la grosseur des graines et de leur nature : plus la graine est fine et légère, moins elle doit être recouverte. Elle dépend encore de la qualité du sol : plus il est argileux, moins les graines doivent être enterrées profondément. Dans les terres légères, au contraire, on peut les recouvrir davantage, parce que l'air y pénètre avec plus de facilité. En général, on peut admettre, pour les différents végétaux, les degrés de profondeur suivants : pour les féveroles, de 10 à 12 centimètres; pour l'orge et l'avoine, de 7 à 8 centimètres; pour les vesces, betteraves, pois, seigle et froment, de 3 à 5 centimètres; pour les haricots, le maïs, le colza, de 2 à 3 centimètres; pour les navets et carottes, de $0^m,0150$ à $0^m,0200$; enfin les semences de prairies artificielles doivent à peine être enterrées.

8° Quelles sont les causes de la germination? — Pour bien germer, les graines doivent être déposées dans un milieu humide, à l'ombre, facilement pénétré par l'air et possédant une quantité suffisante de chaleur. Lorsqu'une de ces quatre conditions manque entièrement, non-seulement le germe se développe tard et court plus de chances de pourriture, mais souvent encore il ne lève pas. Aussi, pour être convenable, le sol doit-il être bien ameubli, afin d'absorber facilement l'humidité, l'air et la chaleur.

9° Quelles sont les époques les plus favorables pour les semailles? — Il est impossible de déterminer une époque précise où l'on doive semer : elle est subordonnée à l'espèce, à la nature des plantes, au temps où l'on veut récolter, à la nature du sol et à l'exigence du climat. Il est des plantes que l'on sème en automne, d'autres au printemps. Les semailles d'automne doivent être faites de bonne heure, à l'époque où les feuilles tombent; celles de printemps doivent se faire dès que la terre est assez ramollie et réchauffée pour recevoir la semence. Les terres fortes et humides doivent être ensemencées les premières en automne, et les dernières au printemps, parce qu'elles durcissent les premières au commencement de l'hiver, et qu'au printemps elles conservent plus longtemps leur humidité. Les terres légères, au contraire, doivent être ensemencées les dernières en automne, et les premières au printemps; il est même, pour ces dernières, essentiel de le faire quand elles sont humides, pour que, remuées en cet état, elles restent inégales et motteuses; les graines y germent, et les premières sécheresses ou les premiers dégels pulvérisent le sol qui recouvre les plantes et les racines. Si, au contraire, vous semez dans la terre légère, trop meuble et trop sèche, la surface manquant de parties saillantes, la plante est arrachée par les gelées et reste à nu lors du dégel. Il faut donc, sur une terre gélisse, se garder d'écraser les mottes après les semailles, car elles s'affaissent d'elles-mêmes et se tassent autour des racines.

Dans les terres compactes et qui ne sont point gélisses, on doit semer en temps sec, après avoir préalablement brisé les mottes qui ne feraient que nuire à la végétation; et si la pluie survenait avant la sortie des plantes et qu'elle fût suivie de sécheresse, il serait indispensable de herser légèrement, pour ouvrir un passage aux germes emprisonnés, qui ne pourraient plus se faire jour au travers de la croûte continue de la surface.

En règle gnérale, n'oublions jamais qu'il vaut mieux ensemencer hors du temps habituel, que par une température qui n'est point convenable. Laissez passer plutôt l'époque ordinaire des semailles, et ne vous obstinez point à exécuter cette opération dans un temps peu opportun.

CLASSEMENT DES PLANTES.

1° En combien de catégories divisez-vous les plantes? — En trois principales qui sont : les plantes fourragères, les plantes céréales et les plantes commerciales.

Plantes fourragères.

Les plantes fourragères forment trois groupes dans lesquels elles sont toutes comprises : le premier est composé de toutes les plantes légumineuses, le second des graminées, crucifères, et le troisième comprend toutes les plantes racines.

2° A quelle époque doit-on semer les plantes fourragères?—Selon les espèces et le climat, on doit semer les plantes fourragères l'automne ou le printemps. Lorsque les hivers sont longs et mélangés d'alternatives de gelées et de dégel, les jeunes tiges, principalement des légumineuses, souffrent singulièrement du froid; d'un autre côté, les semis d'automne réussissent bien mieux dans les climats qui manquent de pluies printanières : chacun doit donc prendre conseil de son expérience et de sa position particulière.

3° Quelle est la quantité de semence qu'on doit employer? — L'avenir des prairies artificielles dépend beaucoup de la quantité de semence employée. Or, il est hors de doute qu'en semant dru, les plantes sont d'une qualité bien supérieure, les tiges sont plus déliées, plus tendres; elles ne s'élèvent pas, il est vrai, à la même hauteur, mais elles sont plus nombreuses; dès la première année, elles étouffent les plantes étrangères, elles ombragent le sol et s'opposent à l'évaporation de l'humidité. D'un autre côté, les prairies semées très-dru ont une durée bien moins longue que les autres; mais peut-être est-ce un avantage, puisqu'on facilite le retour à la culture des céréales dans un temps moins éloigné. En principe général, on peut admettre que les plantes vivaces doivent être moins serrées que les plantes annuelles.

PREMIER GROUPE.

Plantes fourragères légumineuses.

4° Quelles sont les plantes fourragères légumineuses?—Parmi les nombreuses plantes qui servent à la nourriture des animaux, plusieurs ont la même culture. Nous nous bornerons à traiter de celles dont on se sert plus habituellement, après toutefois avoir indiqué celles qui, moins usuelles, peuvent, dans des circonstances données, les remplacer avantageusement. Ainsi, au nombre des premières, nous compterons le trèfle, trèfle blanc, trèfle incarnat, lupuline, luzerne, sainfoin, vesces, pois, lentilles, féveroles, gesses, jarrosses.

5° Luzerne. — La luzerne est, sans contredit, la première des plantes fourragères et celle qui produit le plus; mais, pour cela, il lui faut un sol calcaire, riche, profond, très-propre et bien défoncé. Elle redoute l'humidité trop grande. On la sème au printemps avec une céréale. Elle ne doit pas être consommée trop jeune, car elle relâche; et, trop tôt après la coupe, elle resserre : il faut donc attendre qu'elle ait jeté son feu. La luzerne convient à tous les animaux, mais elle les expose à enfler lorsqu'elle est consommée en vert. On répand de 25 à 30 kilogrammes de graine par hectare, qu'on recouvre légèrement d'un coup de herse. Sa durée est depuis cinq jusqu'à quinze ans, selon la qualité du sol, les engrais stimulants qu'on lui donne et l'absence des plantes parasites, qui souvent obligent d'opérer le défrichement longtemps avant la fin de sa durée moyenne.

6° Sainfoin ou esparcette. — L'introduction du sainfoin dans la culture a été un véritable trésor pour tous les terrains calcaires et secs, où les autres plantes fourragères venaient difficilement. Il réussit aussi dans les terres à seigle qui sont chaulées ou plâtrées; mais, dans les sols maigres, il ne donne qu'une seule coupe. Il a cette propriété particulière, qui n'est possédée par aucune autre plante, que plus il est cultivé sur le même terrain, plus ses produits sont abondants, et plus le sol s'améliore par sa culture successive. Avec le sainfoin cultivé convenablement, les plus mauvaises terres à seigle deviennent promptement terres fromentales. On le sème ordinairement en automne; mais dans les terres sujettes à la gelée, c'est au printemps, sur bonne préparation et forte fumure. On l'associe ordinairement avec une céréale. On répand quatre hectolitres de graine par hectare. Sa durée moyenne est de quatre ans.

7° Qu'est-ce que le trèfle et quelle est sa culture? — Le trèfle ordinaire est la plante fourragère la plus utile qui entre dans les assolements des pays où la luzerne ne peut réussir. Il craint les expositions chaudes et ne croît très-bien que sur un sol profond, frais et humide. On le sème ordinairement en automne, en l'associant avec une céréale, ou au printemps, sur une céréale d'automne ou de printemps; c'est ordinairement avec du seigle. La graine doit être répandue avant une petite pluie, et recouverte légèrement avec la herse. Lorsqu'il réussit mal, il laisse le sol épuisé par l'effet des herbes parasites qui l'ont envahi; il vaut mieux, dans ce cas, le défaire après la récolte du blé, et le remplacer par un autre fourrage. Lorsqu'il est bien réussi, on le garde deux ans; au delà de ce terme, on appauvrirait le sol, et on ne rendrait son retour possible qu'à plus long terme.

Généralement on le fait consommer en vert; mais si on veut le convertir en foin, il faut le couper en pleine fleur. Le fanage de cette plante est la grande difficulté de cette culture, ce qui doit faire préférer la consommation en vert. Mais si on est obligé de le convertir en fourrage sec, il faut avoir le soin de ne pas éparpiller les andains, de les retourner seulement une ou deux fois; après quoi on les rassemble en petits tas, jusqu'à dessiccation complète. On sème ordinairement de 20 à 30 kilos par hectare.

8° Trèfle blanc. — Cette espèce ne peut remplacer le

trèfle ordinaire, car il atteint rarement une hauteur suf-
sante pour être fauché; il a la propriété de croître dans
les plus mauvais terrains , quelle que soit la profondeur
du sol actif. On le sème dans les champs , pour fournir
aux moutons un pâturage qui est excellent.

9° Trèfle incarnat ou farouche. — Le trèfle incarnat
est une des plantes fourragères les plus accommodantes ;
il prospère sur un simple labour, sans engrais, et sur de
très-mauvais sols. On doit l'ensemencer après la récolte
du blé , et dans les mêmes conditions atmosphériques
que le trèfle trisannuel ; il a l'avantage d'occuper la terre
pendant fort peu de temps , et fleurit au moins quinze
jours avant le premier ; au total, c'est un assez mauvais
aliment fourrager. Il redoute les trop fortes gelées et la
sécheresse du printemps. Il réussit mieux dans les contrées méridionales que dans le nord. Il faut de 20 à
22 kilos de graine par hectare.

10° Lupuline ou minette. — Comme le trèfle blanc,
la lupuline s'élève rarement assez pour qu'on puisse la
faucher. Elle vient dans les terrains où le trèfle ne réussit
pas et où le sainfoin vient mal. On la sème au printemps
avec l'avoine ou l'orge, à raison de 15 kilos par hectare.
Elle fournit une nourriture très-convenable aux moutons
qu'elle ne météorise pas, comme fait le trèfle. On s'en
sert comme pâture toute l'année et l'année suivante.

11° Vesces, lentilles, féverolles, gesses, jarrosses.
— Ces plantes, dont la culture est la même lorsqu'on les
destine à la production du fourrage, ne peuvent pas être
considérées comme d'un emploi exclusif en agriculture ;
elles sont un fourrage supplémentaire, et non un fourrage fondamental. On les sème quelquefois en automne,
mais plus ordinairement au printemps, pour remplacer
les trèfles, dont la venue ne serait point complète. On

mélange leurs graines de seigle, d'avoine ou d'orge ; car ces plantes, étant grimpantes, ont besoin d'être soutenues ; sans quoi elles s'affaisseraient sur elles-mêmes et maintiendraient à leurs pieds une humidité qui causerait la pourriture des feuilles inférieures. Le foin qu'elles donnent est de bonne qualité, quoiqu'un peu échauffant. On mélange 200 kilos de ces graines avec 40 kilos de seigle ou d'orge, ou 60 kilos d'avoine par hectare, dans une terre fraîche, mais qui ne retienne pas l'humidité.

12° Pois, bisaille. — Les pois remplacent, jusqu'à un certain point, la culture du trèfle dans les sols argileux. peu favorables à la culture de ces dernières plantes ; ils réussissent dans des terres de nature bien différentes. mais plutôt fraîches que sèches. Ils viennent passablement sans fumier ; cependant, si l'on veut ajouter à l'abondance et à la longueur des fanes, il faut leur donner des engrais, et surtout des amendements calcaires et du plâtre. Cette plante n'exige pas une préparation bien soignée ; mais elle végète cependant beaucoup mieux sur un sol profondément ameubli. Son fourrage vert est de première qualité, et ses fanes produisent un fourrage sec, d'autant plus succulent qu'elles contiennent des sucs séveux lorsqu'on les coupe. Les semis doivent être faits plutôt épais que clairs, mais il faut semer moins dru quand on veut obtenir une récolte sèche. La quantité de graines varie depuis 200 jusqu'à 300 litres.

DEUXIÈME GROUPE.

1° Graminées, crucifères et autres plantes herbacées. — Dans le premier groupe, nous avons traité des plantes fourragères, qui améliorent généralement le sol en lui rendant ses éléments de fertilité, plus les principes nutritifs qu'elles tirent en grande partie de l'atmosphère ;

dans celui-ci, nous allons passer à celles qui empruntent au sol la presque totalité des parties qui les constituent; en sorte qu'elles nécessitent une plus grande quantité d'engrais. On doit, il est vrai, donner la préférence aux premières; mais quelques-unes d'entre elles demandent un temps assez long pour donner leur produit. La luzerne ne rend que la troisième année; le trèfle et le sainfoin, la deuxième seulement; enfin tous les terrains ne conviennent pas à d'autres fourrages.

Une autre raison capitale, c'est que le sol se lasse des mêmes plantes; il a donc fallu rechercher des plantes à végétation différente, dont le développement rapide puisse fournir une nourriture supplémentaire aux animaux, et qui fournissent, par leur précocité, des fourrages, quand les autres plantes en laissaient manquer. Ainsi nous avons le seigle, l'orge et l'avoine, le maïs, millet, ray-grass, moutarde, choux, sarrasin, chicorée, pastel, pimprenelle et spergule.

2° Seigle, orge, avoine. — Ces trois graminées, et surtout l'orge escourgeon, peuvent être cultivées comme fourrage. Semées en automne, elles fournissent au printemps la principale nourriture verte qu'on puisse donner aux bestiaux après l'hiver. On doit semer dru, comme toutes les plantes dont on ne veut pas récolter la graine.

3° Maïs. — Comme plante fourragère, le maïs réunit le double avantage d'être fort nutritif et de réussir sur les sols médiocres. On le fait consommer en vert, et lorsqu'il commence à être en fleur; les bestiaux sont très-friands de ce fourrage. On le sème au printemps, à la volée ou en ligne; cette dernière méthode est préférable, parce qu'on le cultive alors comme plante sarclée et qu'il fait profiter la récolte suivante de sa culture, qui consiste en une façon dès que la tige s'est élevée à 10 centimètres, et un buttage lorsqu'elle a atteint la hauteur de 50 centimètres; il serait bon de l'ensemencer à des intervalles de temps différents, et même jusqu'en juillet, pour avoir ainsi un fourrage vert qui soit toujours dans les meilleures conditions de maturité.

4° Millet et sorgho. — Les feuilles de ces deux plantes sont avidement recherchées par les bestiaux, et leur fournissent un fourrage abondant et délicat. Elles aiment une terre légère, mais substantielle, profondément ameublie et richement fumée. Dans les sols arides, elles réussissent médiocrement; et dans ceux humides, les racines pourrissent promptement. On les sème au mois de mai, pour éviter les gelées auxquelles elles sont extrêmement sensibles; on répand par hectare 38 litres de graine.

5° Ivraie ou ray-grass. — Cette plante végète sur les terrains les plus secs, mais ne s'élève et ne devient fauchable que sur ceux qui sont riches et frais; sa végétation s'arrête dès que la sécheresse la surprend. Sur les sols qui lui conviennent, elle donne un abondant produit; mais, comme foin sec, il faut la couper de bonne heure avant qu'elle ait passé fleur. Elle est considérée à juste titre comme une de celles qui contiennent, sous un petit volume, le plus de matières nutritives. On la sème au printemps, les semis d'automne ayant l'inconvénient de fatiguer beaucoup les céréales qui leur sont associées. Une prairie bien réussie peut durer de sept à huit ans, en la fumant à propos; on répand de 40 à 50 kilos de graine par hectare.

6° Moutarde noire et blanche. — La seconde est généralement préférée comme récolte fourragère. On la sème sur le chaume immédiatement après la récolt du blé. Sa rapide croissance donne promptement aux vaches, dont elles améliorent le lait, une excellente nourriture jusqu'à l'hiver. On la sème aussi au printemps, en rayons, en mettant 4 kilos de graine par hectare. Ces plantes exigent ordinairement deux binages.

7° Choux. — Plusieurs espèces de choux sont cultivées pour leurs feuilles données en fourrage. Ainsi, les choux branchas, choux frisés, choux cavaliers, choux colsac, choux navettes, tous procurent une nourriture verte, abondante et très-recherchée du gros bétail. On les sème ordinairement en mars et avril en pépinières, pour les mettre en place en septembre et novembre, sur une terre fraîche, non humide et fortement fumée. Pendant tout le temps de la végétation, le sol doit être entretenu net de mauvaises herbes, par des binages fréquents.

8° Sarrasin. — Coupé dans le temps de la floraison, le sarrasin fournit un assez bon fourrage, pour les bêtes à cornes seulement ; car pour les moutons il est très-pernicieux, puisque, donné seul, il leur cause des enflures à la tête et des boutons au cou. Cette plante est rustique, d'une végétation prompte ; recouvrant entièrement le sol, par ses larges feuilles, elle étouffe les herbes parasites. On sème jusqu'en août, à raison d'un hectolitre par hectare.

9° Chicorée. — Comme fourrage vert, la chicorée est une nourriture et un médicament : il ne faut donc pas la donner sans être mélangée avec d'autres plantes ; sans cela, le lait des vaches devient amer. On la fauche à fur et mesure qu'on en a besoin et quand il ne pleut pas, car ses feuilles ont une grande disposition à pourrir. On sème au printemps, à la volée, sur une terre qui ait du fond et qui soit ameublie. Sa durée est de 3 à 4 ans.

10° Pastel. — Les feuilles du pastel, grasses et charnues, donnent une grande masse de nourriture ; elles paraissent de bonne heure au printemps, et fournissent un fourrage très-convenable pour les moutons. On le sème en ligne, en automne ou au printemps, sur un sol profond et bien net. On met environ 12 kilos de graine par hectare.

11° Pimprenelle. — La pimprenelle consommée en vert convient à tous les animaux ; mais son foin convient aux moutons seuls : elle vient dans les sols les plus pauvres et les plus secs. Elle résiste à la chaleur et au froid. On sème en septembre ou en mars, à raison de 30 kilos par hectare.

12° Grande spergule. — La spergule est la plante des climats humides ; elle est très-nutritive sous peu de volume ; les bestiaux la mangent avec appétit. On sème 20 kilos de graine par hectare en automne ou au printemps, sur un sol dans un état parfait d'ameublissement. La rapidité de sa croissance prévient la germination des plantes parasites, et laisse le sol dans le même état de netteté qu'au moment de la semaille.

TROISIÈME GROUPE.

1° Fourrages racines. — Les plantes racines sont, après les céréales, les plus propres à l'alimentation des hommes et des animaux. Sans être aussi exclusif que ceux qui veulent leur faire jouer le rôle principal en agriculture, nous pensons qu'elles doivent y tenir un des premiers rangs : premièrement, parce qu'elles servent de préparation au sol, tout en donnant des produits considérables ; — deuxièmement, en les cultivant simultanément avec les céréales, ces deux espèces de produits ne peuvent manquer en même temps, car presque toujours les causes qui détruisent les uns font prospérer les autres ; d'ailleurs, ces produits tuberculeux étant de différentes espèces, ils ne manquent jamais tous dans la même année; — troisièmement, parce que leur culture se trouve distribuée d'une manière plus égale avec celle des céréales et des autres productions; — quatrièmement, parce que c'est par leur culture qu'on se procure l'hiver des aliments frais pour les bestiaux; — cinquièmement, parce qu'étant des substances alimentaires, elles rendent à la terre tous les principes qu'elles en ont retirés.

Mais il ne faut pas croire que les tubercules seuls pourraient suffire à l'alimentation des animaux; ils ne sont qu'une nourriture complémentaire, parce qu'ils contiennent une quantité d'eau très-considérable, comparativement aux parties azotées et nutritives qu'elles renferment; ce qui est cause que, tout en offrant d'utiles ressources, on ne doit pas les introduire d'une manière trop absolue. Au sujet de la culture qui leur est propre, ils seront d'autant plus abondants que le sol aura été défoncé plus profondément, bien ameubli et bien fumé.

2° Quelles sont les principales plantes racines? — Parmi celles qui sont cultivées le plus habituellement, nous avons : la pomme de terre, patate, betterave, carotte, panais, navet, turneps, rutabagas, topinambour; toutes ces plantes, conjointement avec les fourrages artificiels, sont le pivot des assolements alternes et de toute culture lucrative.

3° Pommes de terre. — C'est à Parmentier que nous devons l'introduction en Europe de cette précieuse plante. On a commencé de la cultiver en Anjou et en Limousin. Elle occupe sans contredit le premier rang parmi celles qui rendent le plus de services à l'humanité, en fournissant un supplément de nourriture qui, insuffisante par elle-même, offre une garantie précieuse contre le retour d'une disette. Partout, riches et pauvres la mangent avec plaisir. Les animaux en sont friands : crues, elles les entretiennent et les nourrissent; cuites, elles les engraissent, et particulièrement les porcs.

4° Sols qui leur conviennent. — La pomme de terre vient partout plus ou moins bien; cependant elle préfère les terres légères aux terres fortes. Celles qui sont argileuses ne lui conviennent pas; au lieu que, venue sur un sol léger, ses produits sont plus abondants et supérieurs en qualité, avec les mêmes conditions de travail et de fumier. Si le terrain est trop humide, les tubercules pourrissent; s'il est trop sec, ils se dessèchent et ne végètent pas. Il faut, pour un résultat satisfaisant, avoir toujours de l'humidité à 0 mètre 33 centimètres de profondeur. C'est pour cela qu'un défoncement profond est nécessaire. Dans les terrains habituellement humides, la pomme de terre y vient bien, pourvu que l'eau ne séjourne pas à ses racines. Dans ceux de composition végétale, on ne peut avoir de bonnes récoltes qu'en neutralisant les acides.

5° Préparation du sol. — Dans un climat et sur un sol frais, la profondeur de la culture n'est pas rigoureusement indispensable ; mais, dans un terrain sec et sous un climat où l'on a des sécheresses de printemps, on doit opérer des labours profonds afin d'entretenir dans le sol une fraîcheur indispensable à un bon produit.

6° Leurs variétés. — Il y a un grand nombre de variétés de pommes de terre, mais on compte seulement quatre espèces principales, qui sont : la rouge, la jaune, la blanche et la grise. Parmi ces variétés, il y en a de plus ou moins hâtives, que l'expérience indiquera ; mais il est à remarquer que les plus hâtives sont toujours les moins productives.

7° Choix de la semence. — Le meilleur tubercule à

mettre en terre est celui de grosseur moyenne, les extrêmes n'étant jamais ce qu'il y a de plus parfait. On doit
les choisir sains et ne pas les couper, à moins que la
semence ne soit rare. Les meilleurs sont ceux dont le
germe n'a pas encore poussé.

8° Époque de l'ensemencement. — La mise en terre
de la semence a trois époques bien différentes : la première, au printemps, depuis le mois d'avril jusqu'au
1ᵉʳ juin ; la seconde, à la fin de juin et commencement
de juillet ; la troisième, depuis le mois d'août jusqu'à
celui de novembre. La première est la plus usitée dans
nos climats, où le froid arrive plus tôt et finit plus tard.
Dans le midi, on sème depuis la fin de février jusqu'à la
fin de mars, car plus la semence est mise en terre de
bonne heure, moins elle redoute la sécheresse, plus ses
produits sont assurés, mais aussi moins ils sont nombreux.

Dans les climats chauds, après la moisson des céréales,
quand on possède des terrains frais, on plante à la fin
de juin, dans cette saison, le rendement est beaucoup
plus considérable et plus certain, car les plantes jouis-
sent à la fois de la chaleur et de l'humidité qui vont
croissant à mesure que la végétation fait des progrès.

Les pommes de terre ont une propriété toute particulière, qui est de végéter à des températures assez basses,
et sans tiges ou fort petites. Cette propriété a donné l'idée
des plantations d'automne, pour les soustraire à l'influence de la maladie, qui jusqu'à présent n'a pas été
constatée dans les premiers mois de l'année. L'expérience a parfaitement réussi. Reste à savoir quelle sera
l'abondance des produits, et si les résultats mériteront
qu'on adopte généralement cette époque pour les semis.

9° Culture de la pomme de terre. — Sur un sol bien
ameubli et bien défoncé, on ensemence la pomme de

terre à la charrue ; les engrais doivent être enfouis profondément au fond de la raie, mais il faut placer le tubercule sur la face labourée, à 10 ou 12 centimètres de la surface : il se trouvera tout naturellement recouvert par le second trait de charrue. La distance à mettre entre eux varie selon le mode de culture qu'on veut employer. Quand on les écarte beaucoup, on cultive mieux la terre, mais aussi les produits sont moindres. En les rapprochant au point que les tiges et les feuilles recouvrent le terrain, on conserve l'humidité au pied des plantes, et les récoltes augmentent de valeur. Il résulte de ces observations, que sur un sol frais on peut mettre plus de distance que sur un plus léger et plus sec ; cette distance varie depuis 30 centimètres jusqu'à 60.

Quand les pousses commencent à se montrer, on donne deux hersages croisés, qui détruisent les mauvaises herbes et ameublissent le terrain ; il ne faut pas craindre d'endommager les jeunes pousses. A cette époque, la casse est plutôt avantageuse que nuisible à la production, en ce qu'elle retarde le développement extérieur au profit des tubercules. Lorsque les plantes ont atteint de 20 à 30 centimètres de hauteur, il faut alors songer aux cultures de façon, sarclage et binage. On arrive ensuite au buttage. Mais ici s'élève une question grave et très-importante : des expériences nombreuses ont été faites sur les résultats de cette opération quant au rendement ; les uns ont trouvé qu'elle était avantageuse, d'autres ont éprouvé une diminution dans les produits. Les uns et les autres peuvent avoir raison, au point de vue de la composition de leur sol et des circonstances climatériques. Nous n'accepterons systématiquement aucun de ces deux procédés ; nous nous bornerons à indiquer les cas probables où le buttage doit être admis ou rejeté.

Le buttage a pour effet de déterminer la production de nouvelles racines ou tubercules, partant des bourgeons enterrés avec la tige, comme pour le maïs, le tabac et les pommes de terre; mais, lorsqu'on exécute ce travail, les racines ont déjà formé des tubercules à la profondeur convenable. En portant de nouvelles terres sur le pied de la plante, on dérange ce travail en forçant cette plante à pousser de nouvelles racines, ce qui doit nécessairement causer une diminution dans les produits, par cette perturbation; et, de plus, dans les terrains secs, cette opération expose à l'air une plus grande superficie, qui les dessèche encore plus.

D'un autre côté, le buttage peut être utile, quand il est fait assez tôt pour que les tubercules encore petits ne soient point dérangés, quand le fond de la terre n'est pas meuble, ou que le sous-sol est trop près de la surface, surtout dans les terrains humides. Le cultivateur intelligent doit donc prendre conseil du temps et des circonstances.

10° Sa récolte. — On reconnaît que la pomme de terre est mûre, lorsque ses fanes commencent à jaunir; on peut cependant attendre sans inconvénient à faire la récolte, et choisir le moment le plus convenable pour ce travail. Cependant il ne faut point perdre de vue que plus tôt on l'exécute, plus on a de temps pour façonner le terrain pour la récolte suivante. Lorsqu'on a enlevé les tubercules, on les laisse sur le champ, exposées à l'air plusieurs heures, pour leur donner le temps de se ressuyer.

11° Sa conservation. — La gelée et l'exposition à la lumière altèrent cette plante; c'est donc à les prémunir contre ces deux agents que doivent tendre les efforts du propriétaire. Le meilleur mode de conservation serait sans contredit de mettre sa récolte dans les caves où il ne gèle jamais; mais rarement on en possède d'assez vastes pour la loger. On est donc obligé d'avoir recours aux silos. On choisit un terrain le plus sec possible; on creuse un fossé de 30 centimètres de profondeur, 1 mètre 50 centimètres de largeur ; on garnit de paille le fond et les bords ; on entasse ensuite les pommes de terre, en forme de toit, et on les recouvre d'un lit de paille et d'une couche de terre de 30 centimètres d'épaisseur ; on creuse ensuite un fossé en contre-bas, tout autour, pour que le tas reste continuellement sec : par cette méthode les pommes de terre se conservent parfaitement bien. Si, par malheur, le froid pénètre dans la masse, elles peuvent être gelées, mais sans pour cela être désorganisées ; il s'agit seulement d'ôter la terre, et de les couvrir de paille en quantité suffisante pour opérer un dégel gradué, car c'est le dégel subit qui les désorganise et amène la fermentation.

12° Patates. — Les patates ressemblent assez aux pommes de terre par la forme extérieure, mais elles sont plus féculeuses et moins nourrissantes. Elles ont le goût sucré, et leurs feuilles sont un excellent fourrage vert et sec. Il est fâcheux que la température de nos climats n'en permette la culture qu'au moyen de procédés horticoles. Elle est très-sensible au froid, et comme on doit la semer de bonne heure pour qu'elle ait le temps de mûrir, on est obligé de les élever d'abord en couches et sous châssis, pour les transplanter de là en pleine terre. Ce mode de culture s'opposera toujours à en faire une culture agreste. D'ailleurs, à raison de son extrême sensibilité au froid, leur conservation l'hiver est assez difficile ; aussi le midi seul a-t-il la possibilité de l'introduire dans la grande culture, et cela d'autant plus avantageusement, que cette plante se plaît dans les sols brûlants et labourés très-superficiellement.

13° Betterave. — Comme nourriture des animaux, la betterave a des qualités très-précieuses. Elle exige des travaux moins coûteux que la carotte, est moins attaquée par les insectes que les navets, et se conserve facilement et longtemps en magasin, en sorte qu'elle sert d'alimentation fraîche, quand les autres racines viennent à manquer. Il y en a de plusieurs espèces; nous ne nous occuperons que de celle désignée sous le nom de betterave champêtre, qui est celle qui convient le mieux à la grande culture. Elle prospère sous tous les climats où le sol est profond, humide et substantiel, sur toutes les terres franches et même sablonneuses, pourvu qu'elles soient humides et bien fumées. On sème les graines en lignes espacées de 50 centimètres, après les avoir fait macérer vingt-quatre heures dans de l'eau de chaux, ou tout autre sulfatage. La profondeur des raies doit être de 4 à 5 centimètres. Dès que la plante a levé, il faut enlever les mauvaises herbes, et, quelques jours après, lui donner une culture à la binette. On renouvelle de temps en temps le sarclage et la culture, jusqu'à ce que, les plantes étant suffisamment développées, on les éclaircit, en les laissant espacées entre elles de 20 centimètres. La récolte se fait comme celle des autres tubercules, et on les conserve de la même manière.

14° Choix des tubercules pour graines. — On doit choisir les plus belles racines et les mieux faites; elles devront être dépourvues de chevelu sur toute la surface, l'œilleton et le bout de la racine parfaitement intacts. On les conserve dans du sable pendant l'hiver, l'œilleton en dehors, dans un local ni froid, ni chaud, ni humide. Au printemps, on les plante en pleine terre, et on les cultive soigneusement. Ce n'est qu'en procédant ainsi qu'on se procure de la graine ne laissant rien à désirer.

15° Carottes. — Il y a trois espèces de carottes : la blanche, la rouge et la jaune. Nous ne nous occuperons que de la blanche, dite colvert, parce qu'elle est la seule qu'on cultive en grand pour fourrage, et qu'elle prospère

sous tous les climats et sur tous les sols profondément dé-
foncés et faciles à pénétrer. Sa production revient plus
cher que celle de la betterave, et cela pour plusieurs
raisons : elle reste trente ou quarante jours à naître ; par
conséquent, la terre se couvre de mauvaises herbes avant
qu'on puisse la nettoyer ; elle croît très-lentement, les
premiers temps ; il faut de grandes précautions pour la
sarcler ; elle ne souffre pas la transplantation ; sa nature
pivotante exige un sol profond, et dans les terrains secs,
elle ne végète sérieusement qu'en automne ; alors elle
grossit rapidement. Toutes ces causes l'enchérissent singulièrement. D'un autre côté, sa fane est un excellent
fourrage, et sa tige est très-agréable au goût des animaux. On la cultive en lignes espacées de 50 centimètres,
et on laisse 15 centimètres d'intervalle, d'une plante à
l'autre. Pour la production de la graine et la conservation
de la racine, on procède de la même manière que pour
les betteraves.

16° Panais. — Le panais n'est qu'une variété de la
carotte, et se cultive de la même manière ; comme aliment, sa racine lui est supérieure. Il exige un terrain
frais et un climat humide pour prospérer. Le sol doit être
léger, substantiel et profondément défoncé ; il ne s'accommode pas de ceux trop compactes, qui ne se laissent
point pénétrer facilement par sa racine, qui atteint jusqu'à 70 centimètres de longueur. Même observation que
pour la carotte et la betterave.

17° Navets, turneps, rutabagas. — Dans la famille
des navets, on cultive plus particulièrement le turneps
et le rutabagas. La culture du navet épuise moins la terre
que celle des plantes que nous venons de décrire. Il
fournit une très-grande quantité de nourriture, et vient
dans presque tous les terrains ; cependant il réussit mieux
dans ceux qui sont légers, un peu frais sans être trop

humides, et d'une certaine profondeur. On le cultive soit
en jachère, soit en culture dérobée. Le premier mode
prépare admirablement le sol pour les céréales, surtout
pour celles de printemps; on sème ordinairement depuis
mai jusqu'en juin, sur une terre parfaitement ameublie
et fumée. Pour le second, on sème depuis la fin de juillet
jusqu'à la fin d'août, sur un labour qui a enterré le
chaume. On sème à la volée, mais il vaut mieux le faire
en ligne : les travaux de culture et sarclage se font plus
facilement, et la terre se trouve mieux préparée. Quelques jours après la sortie des plantes, on donne un hersage vigoureux. La conservation de la récolte est la même
que pour celle des carottes.

18° Topinambour. — Le topinambour est une des
plantes les plus avantageuses en agriculture. Les produits sont abondants, même sur un sol médiocre; il
n'épuise pas la terre, et se perpétue longtemps avec peu
de culture; il ne craint pas la gelée, n'est sujet à aucune
maladie; enfin, pour les animaux, c'est une nourriture
aussi riche que la pomme de terre. On le plante à la
charrue, sous raies, vers la fin de l'hiver; on dépose les
tubercules entiers. Quand les tiges paraissent, on leur
donne un vigoureux hersage, pour ameublir et nettoyer
le terrain. Chaque année, on laboure après l'hiver, pour
niveler le sol. On doit lui destiner, à long terme, une
pièce séparée dans la ferme, où il se défend très-bien
sans culture intermédiaire. L'hiver, on le conserve dans
des silos, ou on le conserve en place, et on l'emploie à
fur et mesure que la nécessité le demande.

DEUXIÈME CATÉGORIE.

Céréales.

1° Qu'appelle-t-on céréales et quelles sont les principales cultivées en France? — On appelle plantes céréales celles qui fournissent des grains qui, réduits en farine, servent à faire du pain. Celles qu'on cultive principalement en France sont : le blé ou froment, le seigle, l'orge, l'avoine, le riz, le millet, le maïs, le sorgho, l'alpiste et le sarrasin. Ce dernier, quoique ne faisant point partie de la famille des graminées, est classé parmi les céréales, à cause de la quantité de farine qu'il produit. Depuis le développement de la culture des plantes racines, et surtout de la pomme de terre, les céréales ont perdu de leur importance; mais le blé est et sera toujours la plante par excellence; et le pain, l'aliment le plus nutritif. Les céréales réussissent bien sous tous les climats, mais c'est sous une température moyenne qu'elles donnent les plus beaux produits.

2° Considérations générales. — Naturellement toutes les céréales doivent être ensemencées en automne; mais par la culture on a obtenu des céréales de printemps parmi le blé, seigle, orge et avoine. La quantité d'éléments nutritifs contenue dans les grains dépend toujours de la nature du sol, de sa fertilité et des engrais qu'on lui donne; il est donc important de choisir les variétés convenables, et de savoir sacrifier la quantité à la qualité.

Il est plusieurs choses à remarquer dans la culture des céréales : plus la levée de la plante se fait avec promptitude, moins la racine se développe; il est donc avantageux qu'il y ait un certain retard. La conséquence d'une trop prompte levée est que les plantes croissent trop promptement en hauteur, et pas en grosseur proportionnée, ce qui est très-fâcheux. Quant aux effets produits par la gelée, le moment le plus à craindre est celui où la terre n'est pas, ou n'est plus couverte de neige, car alors les plantes ne sont plus garanties, et la terre étant soulevée, elles se trouvent presque entièrement déchaussées. Enfin, au printemps, si l'on a à craindre que le blé soit versé, il faut couper les tiges, ou le faire pâturer.

5° Variétés des semences. — Le blé froment présente des variétés à l'infini. Nous nous bornerons à indiquer les plus remarquables dans la table suivante :

GENRE BLÉ, TRITICUM, FROMENT.

FROMENT.

BLANC.		ROUGE.	
Barbu, gros, petit.	Sans barbes, gros, petit.	Barbu, gros, petit.	Sans barbes, gros, petit.

· ÉPEAUTRE.

GRAND.		PETIT.		
Rouge, Barbu, sans barbe.	Blanc, Barbu, sans barbe.	Velu, —	Glabre, Grain roux.	Glabre, Grain blanc.

On doit cultiver les blés rouges, à barbes ou non, dans les contrées septentrionales, et les blés blancs, sans barbes, dans le midi, en modifiant cependant cette règle générale, suivant les circonstances locales, les variétés du sol et du climat. Il faut avoir la plus grande attention de placer les blés rouges, à barbes ou sans barbes, les gros blés blancs et rouges, à barbes ou non, sur les meilleurs fonds, particulièrement les gros blés;

qui demandent beaucoup de nourriture. Les blés blancs doivent être cultivés de préférence sur les sols les moins substantiels. En général, le blé blanc demande plus de chaleur, et moins de substance nourricière et d'humidité, que les blés rouges qui sont plus rustiques, plus vivaces, et craignent moins les froids rigoureux du nord.

4° Chaulage ou sulfatage des grains. — Le froment est sujet à des maladies qui nécessitent une préparation de la semence : c'est le charbon, la carie et la nielle. Cette préparation consiste à mettre le grain en contact immédiat avec de la chaux, ou des sulfates. Plusieurs personnes les trempent dans un lait de chaux, et les laissent fermenter en tas vingt-quatre heures ; d'autres les couvrent d'une dissolution de sulfate de cuivre ; quelques-unes se servent de sulfate de soude ; d'autres enfin chaulent par immersion , laissant la semence quelques heures dans un lait de chaux.

5° Effets du chaulage. — Non-seulement le chaulage ou sulfatage a pour objet de préserver du charbon et de la carie , mais encore il stimule la végétation du froment, et le préserve de la voracité des insectes et des oiseaux. Toutes les méthodes que nous venons d'indiquer sont plus ou moins bonnes ; mais en combinant ces matières entre elles, et avec plusieurs autres, on peut non-seulement se servir de cette composition, comme préservatif de maladie, mais encore en former un véritable engrais liquide. En voici un qui a été expérimenté par un habile praticien, et qui lui a toujours parfaitement réussi : on fait dissoudre, dans un hectolitre d'eau, 1,000 grammes de potasse caustique, 500 grammes de sel ammoniaque, 150 grammes de sel de cuisine, 2 kilos de poudrette ou matières fécales, ou 1,500 grammes de colombine ; joint à tout cela assez de chaux vive pour constituer un lait de chaux. Le tout bien fondu, bien amalgamé, bien remué, on remplit de grains une corbeille que l'on fait tremper dans ce mélange jusqu'à ce qu'il soit bien imprégné ; on le retire ensuite ; on le dépose en tas, le laissant macérer 10 à 12 heures ; on le saupoudre ensuite avec de la chaux pulvérisée, et on le met en terre. Tous les grains reçoivent une grande activité de végétation de cette préparation qui vaut un demi-engrais ; mais les petites graines ne doivent macérer que pendant quelques heures seulement.

6° Ensemencement, culture. — Le sol étant bien préparé, bien net, on répand le grain à la volée, en faisant en sorte de ne point dépasser 200 litres par hectare. Si la terre est sèche et légère, on le recouvre par un labour peu profond ; mais si elle est forte ou humide, c'est avec la herse qu'on fait cette opération ; car, si le grain était enfoui à une trop grande profondeur, il percerait difficilement le sol qui le recouvre, et y pourrirait. C'est ordinairement depuis le 10 septembre jusqu'au 10 octobre qu'on fait les semailles. Dès qu'elles sont terminées, on les abandonne jusqu'après l'hiver. A cette époque, si les gelées ont soulevé le sol, on fait passer le rouleau qui retasse les racines qui sont déchaussées. Si, au contraire, les blés ont été trop fortement tassés par les pluies, on les herse vigoureusement en tout sens, travail qui leur donne une légère culture, et détruit une partie des mauvaises herbes. Plus tard, lorsqu'ils ont atteint de 30 à 35 centimètres, on doit faire un sarclage s'il y a des plantes parasites.

7° Méteil. — En faisant un mélange d'un tiers de froment et de deux tiers de seigle, on obtient un produit que l'on appelle méteil ; on peut avoir plus de grains de cette manière, mais en revanche on perd sur la qualité, parce que les deux céréales ne mûrissent pas en même temps.

8° Épeautres. — Les épeautres ne diffèrent des froments que parce que leurs grains ne se séparent point de la balle par le battage. On est obligé, pour le dépouiller, de le faire passer une première fois sous la meule un peu soulevée ; ces blés sont, à cause de cela, beaucoup moins cultivés que les fromens à grains nus. On les sème jusqu'en décembre. Ils conviennent surtout aux contrées froides, montagneuses et peu fertiles ; ils craignent moins l'humidité, versent moins que les froments, et sont beaucoup plus rustiques ; leur culture est la même. On sème 4 hectolitres par hectare. La farine qu'ils produisent est très-estimée.

9° Seigle. — Le seigle est devenu la base de la culture des pays montagneux qui manquent de calcaire et présentent des principes acides. Il est rustique, croît sur les sols les plus pauvres, ne craint pas leur aridité, résiste aux mauvaises herbes et les domine. Il mûrit de bonne heure, et donne un produit plus sûr et moins variable que les autres céréales. Quoique moins nourrissant que le froment, il donne un pain sain, savoureux, et qui se maintient frais plus longtemps.

10° Ses variétés. — On ne cultive que deux variétés de seigle, celui d'automne et celui de printemps : celui-ci a la paille moins longue et plus fine, le grain est aussi plus petit ; semé en automne il peut produire beaucoup, tandis que le seigle d'hiver semé au printemps ne réussit pas. On ne cultive le seigle de printemps que dans le cas de destruction des produits céréales d'hiver, ou bien lorsque les semailles ont été manquées à cette époque. On le sème à la fin de février, ou au commencement de mars. On le cultive de la même manière que le seigle d'automne.

11° Culture. — Le seigle doit taller avant l'hiver,

c'est-à-dire former sa couronne de racines supérieures. Il périt s'il est surpris par les gelées profondes avant d'avoir accompli cette production. Il faut donc qu'il soit semé à temps, si on veut qu'il soit dans de bonnes conditions. Il ne tarde pas à pousser ses tuyaux dès que l'hiver est passé. Sa floraison est presque simultanée sur toute la longueur de l'épi, ce qui le rend très-sensible aux influences atmosphériques dans ce moment critique, car la pluie ou le vent peuvent emporter la poussière fécondante, au grand préjudice de la végétation.

Le seigle ne craint l'hiver que lorsque l'automne a été très-doux et prolongé ; mais lorsque la plante est étalée sur le sol, elle est robuste, résiste bien au froid, et les récoltes sont bien plus belles lorsqu'elles ont été abritées par la neige.

Le seigle mûrit quelque temps avant le froment ; on peut couper ce dernier avant qu'il soit complétement mûr ; mais le premier ne se coupe qu'à sa maturité, parce qu'il mûrit bien moins en gerbe que le froment, et d'ailleurs il s'égrène moins sur pied. Cette plante redoute moins l'absence de l'élément calcaire, elle est sensible cependant au marnage et au chaulage.

Comme pour toutes les autres plantes, la terre doit avoir été bien préparée et bien ameublie ; mais il est nécessaire qu'elle ait été tassée avant les semailles : voilà pourquoi il faut autant que possible ne jamais semer sur un labour frais. La terre doit être sèche et le grain déposé après les grandes chaleurs, car il faut qu'il ait le temps d'achever sa première végétation avant l'hiver. On fait cependant des semailles tardives, mais alors elles n'équivalent qu'à des semailles de printemps, et les produits sont toujours moindres.

On sème en moyenne 200 litres par hectare. On doit s'abstenir de herser au printemps, non-seulement parce que cette plante ne talle pas, mais encore à cause de l'avancement de la végétation qui, se faisant en automne, pourrait être détruite et se réparer difficilement.

12° Orge. — Parmi les nombreuses variétés de l'orge, on cultive principalement en France l'escourgeon, comme grain d'hiver, et la pamelle, comme grain de printemps. La germination de cette plante est très-prompte, elle gazonne beaucoup pendant l'hiver, et fournit au printemps un excellent pâturage. La culture est la même que pour le froment, mais elle veut un terrain bien net, car elle se défend mal des mauvaises herbes. On la sème très-épais ; on emploie jusqu'à 4 hectolitres de semences par hectare pour la grande orge, et 3 pour la petite. Plus que le froment encore, elle exige impérieusement le sarclage à la main, mais elle ne veut pas être hersée. Sa paille est considérée avec raison comme la meilleure de toutes pour la nourriture du bétail. Les produits de l'orge sont généralement aussi profitables que ceux du blé. Il exige un sol substantiel, profondément défoncé, bien ameubli, débarrassé des herbes parasites, et naturellement humide. On sème la grande orge, du 15 au 20 septembre, dans le midi; mais dans le nord, il vaut mieux cultiver l'orge de printemps qu'on sème fin mars et avril.

13° Avoine. — L'avoine convient parfaitement à la nourriture des chevaux et de tous les animaux ; cette plante a une propriété bien précieuse, c'est de venir sur tous les sols, même les plus secs et les plus arides, où ne viendraient pas les autres céréales ; elle supporte mieux que les autres une préparation négligente de la terre, vient sur celle qui est à peine remuée, et résiste mieux aux mauvaises herbes.

14° Variétés. — Comme les autres céréales dont nous avons parlé, l'avoine offre une infinité de variétés, que nous diviserons en deux espèces : la noire et la blanche.

La première est plus robuste et plus rustique ; la seconde, plus sensible au froid et plus hâtive. Toutes deux ont leurs sous-variétés d'automne et de printemps. Elles ne diffèrent qu'en ce que, par l'effet d'une longue habitude, cette dernière mûrit plus vite. On la sème plus généralement dans le nord. La variété la plus cultivée est celle connue sous le nom d'avoine ordinaire, elle est aussi la plus productive ; mais d'autres espèces sont préférables, pour la qualité et la précocité. Les plus répandues aujourd'hui sont : l'avoine noire ou blanche dè Hongrie, et l'avoine de Brie.

On cultive l'avoine pour donner du fourrage ou du grain ; dans le premier cas, on sème 4 hectolitres ; dans le second, 2 suffisent dans une terre légère, à enfouissement nouveau, ou vieille prairie, sur un seul labour. On doit, malgré sa rusticité, la cultiver avec modération, attendu qu'elle est fort épuisante, surtout pour les terres légères et peu substantielles. Elle mûrit bien dans les javelles et dans les gerbes, et ne mûrit que successivement sur la plante ; il ne faut donc pas en retarder la moisson dès qu'une partie des graines est mûre, sans quoi on risquerait d'en perdre beaucoup qui s'égrènerait.

15° Riz. — Le riz, cette nourriture d'un si grand nombre d'hommes, ne prospère que dans les plages marécageuses des pays chauds ; sa culture condamne les habitants de ces pays à des fièvres obstinées et dangereuses, qui persistent d'une manière opiniâtre, et abrègent le cours de leur vie. Heureusement cette plante est peu cultivée en France, et nous n'en parlons ici que pour mémoire, nous félicitant d'avoir peu de sols qui puissent réunir les conditions nécessaires à sa production.

16° Millet. — Le millet se plaît sur un sol chaud,

meuble et riche ; il croît cependant jusque sur les terres sablonneuses, où le défaut d'humidité éloigne toute autre espèce de culture. On le sème au printemps après les gelées blanches, ou en été après les céréales, sur un labour suivi d'un hersage. On met 38 litres de graines par hectare dans les terres fortes, et un peu moins dans les terres légères. Si le grain lève avant la pluie, on peut espérer un bon produit ; sinon, la germination se fait mal. Les binages sont d'autant plus nécessaires, que les mauvaises herbes multiplient beaucoup dans cette culture. La récolte doit se faire immédiatement, avec précaution, pour éviter l'égrènement. La paille se sèche au soleil, et sert à la nourriture du bétail.

17° Maïs. — Nous avons traité de la culture du maïs fourrage, et avons conseillé de le semer en ligne comme récolte sarclée ; sa culture comme grain est donc à peu près semblable, il possède l'avantage d'être par lui-même une nourriture complète, ayant à lui seul tous les principes nutritifs, qui manquent aux plantes sarclées, tubercules ou racines. Il y a les variétés à grains jaunes et à grains blancs. Parmi les premières, nous avons le maïs d'été, maïs d'automne, maïs quarantin, maïs nain à poulet, et pour les secondes, le maïs blanc tardif, maïs de Virginie tardif. Les climats froids doivent choisir les plus hâtives, et le midi celles qui produisent le plus.

18° Culture. — La semence du maïs doit être chaulée comme le froment, car il est sujet aux mêmes maladies ; on doit la tremper dans l'eau, et écarter les graines qui surnagent. On sème en mars, en ligne de 0 mètre 66 centimètres de large, et on écarte les pieds entre eux de 0 mètre 33 centimètres. Afin que l'air et le soleil pénètrent dans la plantation, on dirige les raies dans la direction du nord au midi. On dépose deux ou trois grains en terre, et dès que les jeunes plants ont 0 mètre

15 centimètres de hauteur, on donne une première façon à l'extirpateur; dès qu'ils ont atteint 0 mètre 33 centimètres, on les butte, et on rafraîchit le buttage quinze jours après. Aussitôt que l'épi mâle a fécondé l'épi femelle, c'est-à-dire que les pistils commencent à sécher et à noircir, on coupe la tige du mâle au-dessous de l'épi, et on la donne en nourriture au bétail. Le maïs, parvenu à sa maturité, est lié, trois ou quatre épis ensemble, et suspendu à l'air sec, où il finit de sécher jusqu'à l'époque où on veut l'égrener. Il faut bien se garder de mettre en tas les épis qui ont séché sur l'aire, car la rafle qui porte les grains conserve longtemps son humidité, et ce grain pourrait contracter un goût désagréable.

19° Sorgho. — Le sorgho veut une terre riche, forte, profondément défoncée, bien ameublie et bien fumée. On le cultive autant pour en obtenir la graine, qui est très-abondante, que pour ses panicules dépouillées de grains qui servent à faire des balais. Le sol bien préparé, on l'aplanit au rouleau, et l'on sème en avril, en lignes espacées de 0 mètre 80 centimètres. Lorsque les plantes ont acquis 0 mètre 3 centimètres à 0 mètre 4 centimètres de hauteur, on les éclaircit de manière à ne laisser entre elles qu'une distance de 0 mètre 6 centimètres à 0 mètre 8 centimètres. Quand les grains sont arrivés à maturité, on coupe le sorgho, et on bat les épis sur l'aire; les tiges servent à faire litière ou à brûler.

20° Alpiste ou phalaris. — Dans la plupart des contrées où on cultive l'alpiste, on le sème à la manière de l'avoine ou de l'orge. Il aime les terres légères, chaudes et substantielles; sa végétation s'accomplit assez vite dans les pays chauds. On le sème dans le courant de mars. Il est moins productif en grains que beaucoup d'autres graminées; on donne sa graine à la volaille.

21° Sarrasin. — Cette plante est peu exigeante, et s'accommode des sols pauvres, en proportionnant son produit à leur fertilité. Elle redoute les terrains humides, mais elle veut avoir le pied dans un sol frais, et la tête dans une humidité chaude. Dans les terrains riches, sa production en feuilles est trop forte, et sa maturité très-retardée. Un terrain léger et meuble, un climat ou une saison humide, point de vents secs ou de gelées pendant sa végétation, telles sont les circonstances qui favorisent sa végétation. On sème le sarrasin au mois de juin, à raison de 80 litres par hectare. Il n'a besoin d'aucune culture. La force de sa végétation détruit toutes les mauvaises herbes, excepté les raves sauvages, qu'on est obligé d'arracher lorsqu'elles se trouvent en trop grand nombre. Sa floraison est successive; aussi ne faut-il pas attendre que toutes les graines soient mûres, car lorsque la plante est coupée et rassemblée en javelle la tête en haut, elle a la faculté d'achever de mûrir son grain dans les enveloppes. La farine bien moulue, et bien débarrassée du son ou de la pellicule noire qui recouvre le grain, devient une bonne nourriture, et d'une digestion facile.

TROISIÈME CATÉGORIE.

Plantes commerciales.

Cette catégorie comprend quatre classes principales : premièrement les plantes oléagineuses; deuxièmement, textiles; troisièmement, tinctoriales; quatrièmement, industrielles.

1° Plantes oléagineuses. — Les plantes oléagineuses cultivées de préférence en France sont: l'olivier, le noyer, le hêtre, le pavot, colza, navette, caméline, moutarde. On cultive toutes ces espèces différentes, selon les contrées, et surtout selon le climat. En général elles épuisent et effritent le sol dans lequel elles croissent, et sont peu favorables à sa netteté. On retire aussi de l'huile des semences de quelques plantes cultivées pour d'autres produits, telles que le lin, le chanvre et la gaude. Nous en parlerons quand nous arriverons aux classes dans lesquelles elles sont rangées.

2° Olivier. — L'olivier demande, pour prospérer, un climat qui ne soit ni trop chaud, ni trop froid, bien qu'il le préfère plutôt chaud que froid, car dans ceux-ci les gelées le détruisent. Dans un sol et un climat favorables, il devient un arbre énorme pour la grosseur, car sa hauteur ne dépasse guère 15 mètres. Il offre de nombreuses variétés plus ou moins productives. On le propage de semis et de bouture, sur un sol léger, de bonne qualité et profondément défoncé. Ceux qui donnent les meilleurs produits sont ceux qui sont tenus dans un état constant de culture. Ils commencent à rapporter dès l'âge de 12 ans. Lorsqu'ils sont de belle venue, ils rendent annuellement un revenu net d'environ 1 fr. 25 c. Nous n'avons pas ici la prétention d'indiquer la culture de cet arbre, étant circonscrit dans un climat si différent de celui que nous habitons.

3° Noyer. — Le noyer craint le froid et les chaleurs extrêmes; aussi demande-t-il, pour sa culture, un climat tempéré, un sol substantiel et profond. Il est, de tous les arbres oléagineux, celui qui produit le plus en France. Il fournit trois fois plus que l'olivier, et entre pour trois quarts dans la quantité d'huile fournie par toutes les autres graines oléagineuses. Ce n'est qu'à 20 ans qu'il commence à donner un produit passable, et à 60 qu'il atteint le maximum de ses récoltes. Dans les terres qui ont peu de fond, les racines du noyer rampent à la surface, et nuisent beaucoup aux plantes herbagères, même à de grandes distances. Aucune plante ne vient sous son ombrage.

4° Culture. — Semé en place dans un bon terrain bien meuble, le noyer prendrait un développement plus rapide que lorsqu'il est transplanté, mais il serait difficile de le préserver dans sa jeunesse, et de le garantir des accidents auxquels il serait exposé. Il vaut donc mieux former un semis, en mettant les noix en terre au printemps, après les avoir conservées pendant l'hiver dans du sable. On tient le sol net de mauvaises herbes; à 2 ans, on arrache les jeunes plants et on les plante en raies espacées de 0 mètre 66 centimètres, et à même distance les uns des autres. Quand l'arbre a 2 mètres de hauteur, on le greffe en tête, soit en flûte, soit en écusson à l'œil poussant. Cette opération est essentielle, car un noyer greffé donne un produit décuple de celui qu'on retire du sauvageon.

La maturité des fruits a lieu du milieu de septembre à la fin d'octobre; on reconnaît qu'elle est arrivée quand le brou s'ouvre et se détache du fruit; alors on abat les noix au moyen de longues gaules; elles sont transportées à la ferme, et mises en tas de 0 mètre 10 centimètres d'épaisseur, et remuées chaque jour, jusqu'à ce que la dessiccation soit complète. On met un intervalle entre la cueillette et la fabrication de l'huile, pour donner le temps à celle-ci de se former graduellement. On casse les noix, et l'on sépare des amandes celles qui sont noires et altérées; on envoie ensuite les amandes au moulin.

Le noyer, comme tous les arbres à fruits, redoute une culture trop profonde; il a besoin d'être souvent chaussé avec de la terre et fumé, pour donner des fruits abondants et de bonne qualité. Cet arbre ne peut être taillé que pour lui retrancher les branches mortes, mais il a besoin d'être débarrassé des branchilles et de tous les bois inutiles, qui surchargent son intérieur et lui sont nuisibles, car les noix sont toujours placées à l'extérieur de l'arbre et à l'extrémité des rameaux flexibles. Quand il commence à se couronner, que les rameaux et la tête se dessèchent, il ne faut pas attendre plus longtemps pour l'abattre ; car le tronc et les branches se creuseraient, et l'on ne pourrait plus tirer aussi bon parti du bois. Le rendement des bonnes espèces de noyer est en rapport avec la surface de terrain couvert par sa tête, à raison d'un litre 21 centilitres par mètre carré. L'hectolitre de noix en coque pèse 67 kilos 500 grammes, il donnera 30 kilos d'amande bien épluchée, qui rendent 13 kilos 900 grammes d'huile. Ainsi un bon noyer bien entretenu peut couvrir 238 mètres, c'est-à-dire avoir une circonférence de 39 mètres 66 centimètres ; il donnera donc 152 litres de noix, qui produiront 24 kilos 16 grammes à 1 fr., soit 24 fr. 16 centimes, rendement brut.

5° **Hêtre**. — Le hêtre est un des plus beaux arbres de nos forêts ; il donne une huile abondante et bonne à manger. Elle a la propriété de se conserver pendant plusieurs années, et même de s'améliorer si, après l'avoir clarifiée, on la renferme dans des cruches de grès bien bouchées et enterrées dans des caves. A l'état inculte où nos forêts nous le présentent, il donne une huile supérieure à celle de l'olivier sauvage, et à espace égal, il en donne infiniment plus que l'olivier cultivé. Il serait même possible que, si cet arbre précieux était cultivé et greffé, son fruit pourrait se développer, et prendre des qualités telles, qu'il pût lutter avantageusement pour la qualité avec son rival. Alors, avec plus de raison encore, l'appellerait-on l'olivier du nord. Les résidus de l'extraction de l'huile engraissent parfaitement le bétail, et rendent par ce moyen à la terre une partie des éléments qui ont servi à la production.

Le hêtre aime la plaine et les pentes peu rapides à l'exposition du nord ; il végète sur toute espèce de sol un peu frais, sans être marécageux. Ses racines sont traçantes ; aussi il n'exige que 0 mètre 50 centimètres à 0 mètre 60 centimètres de terre. Il vient beaucoup plus beau dans les argiles fraîches. On le multiplie de graines, comme le noyer, en les faisant stratifier l'hiver pour les semer au printemps.

6° Pavot ou œillette. — Le pavot produit une huile douce, qui, avec l'huile d'olive et l'huile de faine, est à peu près la seule que l'on consomme dans les ménages. On en cultive deux espèces, le pavot ordinaire, et le pavot blanc : dans l'un, la semence est grise, et sort des capsules au moment de la maturité ; dans l'autre, elle est blanche, et les capsules sont fermées. La première est plus généralement cultivée, parce qu'elle produit plus de têtes et plus de graines ; la seconde est préférée dans la médecine. Ces deux variétés demandent un sol léger, substantiel, humide, profondément ameubli, et richement fumé ; sur tout autre, l'œillette couvre à peine les frais de culture. Dans le nord de la France, on la sème en mars ou avril, car il lui faut de l'humidité pour que sa végétation soit puissante ; c'est ce qui force les habitants du midi à la semer en septembre dans les contrées sèches, parce qu'alors elle profite de l'humidité de l'hiver. Au reste, sous l'une ou l'autre zone, plus tôt la graine est mise en terre, plus ses produits sont abondants.

On sème à la volée ou en ligne ; cette seconde méthode est préférable, nous avons dit plus haut pour quelle raison. Les lignes et les plantes doivent être espacées entre elles de 0 mètre 25 centimètres en tout sens. On sème 2 kilos de graine par hectare sur le sol ameubli, autant que possible, par des hersages et des roulages répétés, et on la couvre par un dernier coup de rouleau. Quand les pavots ont atteint 0 mètre 5 centimètres, on les sarcle, et on maintient la terre dans un bon état de netteté, par des façons multipliées. On reconnaît que la graine est mûre lorsque les têtes commencent à prendre la couleur grise. On arrache alors les tiges et on les lie en petites bottes qu'on laisse droites, pour attendre la maturité complète des graines. La récolte se fait au mois d'août; les produits sont de 15 à 20 hectolitres par hectare, et l'on obtient environ 28 litres d'huile par hectolitre.

7° Colza. — Le colza est la plante qui donne les plus grands produits, et qui s'adapte le mieux à la grande culture. On le cultive par le semis en place, ou par la transplantation. Le semis en place peut être fait en automne et au printemps; mais la plantation ne peut être faite qu'en automne. Le colza d'hiver est d'une réussite beaucoup plus sûre que celui de printemps, et d'un rendement · bien plus considérable. Il aime une terre franche, substantielle, suffisamment ameublie, et richement fumée. Les gelées d'hiver le détruisent facilement dans les localités humides ; mais il résiste au contraire très-bien sur les terrains qui ne retiennent pas l'eau ; voilà pourquoi, dans les pays froids, il réussit mieux sur les terres médiocres et sèches. La culture du colza d'hiver convient donc mieux aux sols des contrées méridionales, où les gelées sont moins fortes, et l'humidité moins grande; tandis que celui qui convient plus particulièrement à la culture du nord est celui qui se sème au printemps. Il est moins productif, il est vrai, que celui d'hiver ; mais dans ces contrées souvent trop froides pour cultiver ce dernier, et partout où il aura été détruit par une cause quelconque, il devra faire place à celui de printemps, dont le semis doit être fait depuis mars jusqu'à mai, selon qu'on monte du midi au nord.

8° **Culture.** — Le semis en place, avons-nous dit, peut se faire en automne et au printemps. Le colza d'hiver est d'une réussite beaucoup plus certaine que celui de printemps, qui sort de terre au moment de la plus grande activité des insectes qui le dévorent. Le sol doit être préparé comme pour l'ensemencement d'une céréale. On doit faire le semis dès que la terre a repris de la fraîcheur, par les premières pluies qui tombent après la canicule, c'est-à-dire à la fin de juillet et au commencement d'août dans le nord, et à la fin de septembre dans le midi. On sème en ligne ou à la volée, 7 à 8 kilos par hectare. Lorsque les plantes ont 4 feuilles, on exécute un premier binage, en ayant soin de laisser un intervalle de 0 mètre 25 centimètres entre chaque pied. Au printemps on bine de nouveau, lorsque les mauvaises herbes commencent à se montrer. Les semis de printemps exigent un terrain plus fécond, car le plus grand obstacle à leur développement est la sécheresse. Aussi un sol frais, substantiel et profond, est indispensable à sa réussite. On le sème au mois de mars, lorsque la terre est sujette à la sécheresse ; au mois de mai, quand elle jouit d'une fraîcheur suffisante. On emploie de 10 à 12 litres de semences pour cette variété.

Lorsqu'on veut transplanter le colza, il faut d'abord le semer en pépinière, dans le courant de juillet, et assez clair pour que les plants soient bien vigoureux. On transplante ensuite en septembre, au plantoir ou à la charrue, en lignes espacées de 0 mètre 25 centimètres. Les pièces plantées doivent, de même que celles semées en place, être binées avant l'hiver, et au printemps. Lorsque les graines sont mûres, et que les feuilles commencent à devenir jaunes, les tiges doivent être coupées, déposées en javelle sur le champ pour qu'elles se dessèchent ; quand le dessus a blanchi, on les retourne pour faire blanchir le dessous. On les met ensuite en petites meules, les siliques en dedans ; les semences achèvent de mûrir, malgré la fermentation qui s'établit et qu'il ne faut pas craindre. On bat la récolte sur le terrain même, et l'on nettoie la graine au moyen du tarare. Le rendement est de 20 hectolitres par hectare.

9° Navette. —La navette exige un sol moins substantiel que le colza ; elle vient dans les sols légers, calcaires ; elle craint moins le vent, la sécheresse, les mauvaises herbes, souffre le hersage, qu'on ne peut appliquer au colza. Il y a deux variétés, celle de printemps et celle d'automne. Il n'y a pas d'avantage à cultiver la première, parce qu'elle manque souvent, et donne un faible produit; ce n'est qu'après une autre culture manquée qu'il est avantageux de la semer. La quantité de semences est de 7 à 8 litres par hectare. La navette d'hiver se sème toujours à la volée, et à demeure. On emploie les mêmes procédés de culture que pour le colza. On sème en juillet ; ses produits lui sont inférieurs d'un dixième : c'est donc 18 hectolitres par hectare que rend la navette.

10° Caméline, moutarde blanche. — La caméline est la plante oléagineuse des terrains légers et sablonneux ; elle croît passablement bien sur les terres à seigle, de médiocre qualité et de faible profondeur. Elle vient partout avec succès, lorsqu'on lui accorde une bonne culture. Au printemps, elle remplace avantageusement le colza et la navette d'hiver que le froid aurait détruits. Ses produits sont plus assurés en temps de sécheresse. On la cultive absolument comme la navette, en semant aux mois de mai et juin, à la volée, à raison de 4 à 5 kilos par hectare. Le seul soin qu'on lui accorde lorsqu'elle est levée, c'est de l'éclaircir, de manière à ce qu'il y ait entre chaque pied 0 mètre 162 millimètres, et que les mauvaises herbes soient détruites. Son produit ordinaire est de 15 hectolitres par hectare. On l'associe quelquefois avantageusement avec la moutarde blanche, qui mûrit à la même époque, lorsqu'elles ont été semées ensemble ; le produit est beaucoup plus abondant que si on les avait semées séparément, et la graine, mélangée, ne perd rien de sa valeur pour la fabrication de l'huile.

Plantes textiles.

1° Plantes textiles : lin. — Parmi les plantes textiles, les seules cultivées en grand sont le lin et le chanvre, non-seulement pour leurs produits en filasse, mais à cause de la facilité avec laquelle on les cultive, et de l'huile qu'on en retire. Le lin vient dans tous les terrains riches et frais, il ne refuse que ceux granitiques ou calcaires sans mélange d'argile. Il préfère les expositions du nord et de l'est. On le sème en automne et au printemps. Le premier donne une plus grande abondance de graines, mais une filasse de qualité inférieure ; il est quelquefois endommagé par les gelées : aussi, plus on remonte vers le nord, plus aussi on cultive le lin de printemps. A quelque saison qu'on le sème, il faut que la terre soit profondément défoncée, bien ameublie, abondamment pourvue d'engrais bien consommés et enfouis d'avance, afin qu'ils soient bien mélangés au sol. On sème aussi sur un pré ou sur un trèfle rompu, où le lin réussit assez bien sur un seul labour, qui s'effectue avant la semaille sur un sol léger, et en automne sur les terres argileuses. Lorsque le terrain est bien ressuyé au moment de la semaille, il ne faut pas oublier d'y passer le rouleau. On le cultive encore sur enfouissement de plantes vertes, pourvu qu'elles soient enfouies avant l'hiver lorsque le sol a été bien préparé.

2° Culture. — Une fois le sol bien net et bien préparé, on le divise en sillons de 4 à 5 mètres de large ; la semence est jetée à la volée, et recouverte d'un coup de herse. Il sera toujours bon de semer pendant une légère pluie, sur une terre humide nouvellement hersée. Dès que les semis ont levé, il faut enlever soigneusement les plantes parasites, et continuer le sarclage jusqu'à ce que le semis ait atteint de 0 mètre 9 centimètres à 0 mètre 10 centimètres de hauteur. On connaît que le lin est mûr, lorsqu'il a perdu une partie de ses feuilles, et que les capsules qui contiennent la graine commencent à s'ouvrir; alors on l'arrache, et on le laisse sécher pour en extraire la graine.

3° **Rouissage.** — Le rouissage a pour objet de dissoudre une gomme qui se trouve entre la fibre et la plante. Plus promptement est faite cette opération, meilleure est la filasse. Elle aura d'autant plus de qualité qu'elle sera restée moins longtemps dans l'eau. On dépose dans le courant les bottes de lin, et on les y laisse jusqu'à ce qu'on ait obtenu la dissolution de la gomme. Le plus important est que ce résultat soit obtenu avant que les fibres soient endommagées par la macération. Le produit du lin, si on le cultive uniquement pour la filasse, n'est que de 5 à 6 kilos de graine. Dans le cas contraire, il en fournit de 12 à 15 kilos. La quantité de semences à répandre varie suivant qu'on veut produire de la graine ou de la filasse. Dans le premier cas, on répand 100 kilos par hectare; dans le second, on va jusqu'à 380 kilos pour les lins dont on veut obtenir la filasse la plus fine.

4° **Chanvre.** — Le chanvre présente le double avantage de fournir de la filasse pour la confection des toiles et des cordages, et de l'huile employée dans certaines parties de l'industrie commerciale et artistique. Sous ce double rapport, il mérite d'être mis au premier rang des plantes utiles. La rapidité de sa croissance permet de le cultiver dans les climats les plus divers. Mais s'il n'est point limité par la température, il l'est par le choix des terrains qui lui conviennent. Il ne prospère que dans ceux qui sont riches et meubles, substantiels, légers, humides, et, par-dessus tout, qui ont reçu une fumure énergique d'engrais parfaitement décomposés déposés profondément, et mélangés avec de la chaux : toutes ces conditions rendent sa culture générale, uniquement sur les terres de prédilection; et elle devient fort coûteuse dans celles où elles ne se trouvent pas réunies. Lorsque le sol sera ameubli, et divisé comme de la cendre, la graine pourra être jetée en terre depuis le commencement d'avril jusqu'au 15 mai, suivant la température du climat sur lequel on opère ; elle devra, autant que possible, être répandue pendant une journée de brume humide. Lorsqu'on veut faire de la filasse, il faut semer 200 à 250 litres par hectare; si, au contraire, on veut produire de la graine, on ne sème que 100 litres; elle sera légèrement recouverte d'un coup de herse, et le semis sera roulé.

5° Récolte. — Le chanvre, comme tous les êtres vivants, a deux sexes : le mâle (improprement appelé femelle) qui ne produit que de la filasse, et la femelle (mâle vulgaire) qui produit, en outre, de la graine. Sa récolte exige beaucoup de main-d'œuvre. On arrache d'abord le mâle dès qu'il a fécondé la femelle, ce qu'on reconnaît facilement à la couleur jaune du haut de la tige. Le chanvre femelle devant rester plus longtemps en terre, pour que la graine ait le temps d'arriver à sa maturité, il lui faut au moins un mois de plus. Elle est en pleine maturité lorsque ses feuilles jaunissent, que ses extrémités se fanent, et que la graine commence à brunir; alors on l'arrache, et on le laisse un peu sécher, pour en sortir cette graine en battant l'extrémité des bottes ou poignées, et on le fait rouir.

6° Rouissage. — Nous avons parlé du rouissage à l'article du lin ; nous avons vu que cette opération consiste à détruire la gomme résineuse qui se trouve entre les filaments de l'écorce, par la fermentation excitée par la chaleur et l'humidité. On obtient ces deux éléments : 1° en étendant les plantes sur les prés à l'action de la rosée ; cette opération dure un mois et plus, et on obtient alors le chanvre gris qui a un peu moins de valeur que le blanc ; 2° en plongeant les gerbes dans l'eau, et en les y laissant jusqu'à la décomposition de la gomme. Si on opère dans l'eau courante, le chanvre acquiert une belle couleur blanc jaunâtre qui est très-recherchée ; si c'est dans l'eau dormante, il faut moins longtemps, à raison de l'échauffement que prend l'eau ; mais l'eau croupie se putréfie, et les gaz infects qu'elle émet deviennent incommodes et malfaisants. Le temps du rouissage est plus ou moins long, suivant la température ; il faut donc surveiller l'opération qui peut varier de 6 à 15 jours à l'eau, et à la rosée cinq semaines.

Plantes tinctoriales.

1° Considérations générales. — Quel est le véritable but auquel doit tendre l'agriculteur ? C'est celui de vendre ses engrais au plus haut prix possible. Or, il est des terrains qui possèdent une telle fertilité, ou une telle appropriation à la culture d'une plante, que souvent on gagne bien moins à vendre son engrais sous forme de blé que sous forme d'une de ces plantes. La seule condition qui facilite la continuation de telles cultures, c'est l'existence d'un marché d'engrais, ou possibilité de vente. Le marché n'existe pas partout ; alors il faut calculer ce que coûte l'engrais produit, pour reconnaître s'il revient à un prix inférieur à celui que procure son emploi. C'est dans ces calculs que réside l'habileté de l'agronome. Les plantes tinctoriales sont au nombre de

celles qui ne trouvent pas toujours un débouché facile,
et dont la culture doit être rejetée à cause de cela : celles
qui sont principalement cultivées en France sont la garance, la gaude et le pastel.

2° Garance. — La garance vient sur tous les terrains,
mais se plaît particulièrement sur ceux qui sont légers,
pourvu qu'ils soient frais, profonds, et bien fumés,
comme pour toutes les plantes racines ; elle n'acquiert
complétement les qualités colorantes que lorsqu'ils pos-
sédent une grande quantité de carbonate de chaux. La
terre doit être défoncée profondément, afin d'entretenir
l'humidité nécessaire à son développement. On enfouit le
fumier après le défoncement, ou après le premier labour. Au printemps, et dès que le temps le permet, on
exécute plusieurs hersages successifs, pour ameublir
complétement le sol, qu'on doit ensuite diviser en plates-
bandes de 1 mètre 33 centimètres, séparées entre elles
par des intervalles de 0 mètre 33 centimètres. On sème
en mars ou avril, à la volée, ou mieux en rayons, à raison de 80 à 90 kilos de graine par hectare. Peu de temps
après la levée, on donne un sarclage, et l'on répand sur
les plantes un peu de terre prise dans les intervalles ; on
doit ensuite procéder de la même manière jusqu'en novembre, où on donne un chargement nouveau de 0 mètre 06 centimètres à 0 mètre 08 centimètres. L'année
suivante, on sarcle selon la nécessité, et lorsque la
plante est en fleur on la coupe comme fourrage, ou on
la conserve pour graine. Dans l'un ou l'autre cas, on re-
charge comme l'année précédente. La récolte se fait ordinairement la troisième année, en août ou en septembre. Les racines doivent être fouillées profondément, afin
de ne pas les endommager ; on les nettoie bien, on les
fait sécher, et on les porte au moulin, où on les réduit
en poudre. La culture de la garance est très-lucra-
tive, mais il faut y apporter de grands soins. On la cul-

tive aussi par plantation, en se servant de plants d'un an, semés très-épais en pépinière. Le terrain, préparé comme pour le semis, est planté en automne ou au printemps. La culture est absolument la même que la première.

3° Gaude. — La gaude fournit la teinture la plus pure, et la plus solide ; elle réussit sur les sols légers et jusque dans les sables, lorsqu'ils ont un peu de fraîcheur et d'humidité. Cependant la culture de cette plante n'est avantageuse que sur les terrains qui sont en bon état. Il y a deux variétés, une de printemps, l'autre d'automne : la première occupe la terre moins longtemps, mais elle redoute beaucoup les mauvaises herbes, ce qui nécessite de fréquents sarclages ; celle d'automne n'en exige qu'un seul à la sortie ; au printemps elle couvre le sol et domine les herbes. On associe quelquefois la gaude avec le trèfle, le sainfoin, la luzerne au printemps, l'été avec le sarrasin ; mais elle est toujours moins productive que celle d'hiver. Le terrain doit être parfaitement préparé, et ameubli par des hersages. On répand 4 kilos de graine par hectare, qu'on recouvre au moyen d'un fagot d'épines, traîné par un cheval. On attend, pour faire la récolte, que la graine ait noirci dans les capsules. Alors on arrache les plantes avec les racines, et on les fait sécher. Au bout de 5 à 6 jours, on bat sur un drap, pour obtenir la graine dont on fait de l'huile, puis on les lie en bottes de 5 kilos : le rendement moyen est de 2,500 kilos, et le prix moyen 20 fr. les 100 kilos.

4° Pastel. — Le pastel veut un terrain riche, profond, où l'élément calcaire domine. Il est à la fois une plante tinctoriale et une plante fourragère. Ce sont ses feuilles qui donnent des produits en teinture. Il y en a de plusieurs variétés : celle à semence jaune, celle à semence bleue ou violette ; cette dernière est celle qui contient le plus de matière colorante, et qui fournit au printemps un fourrage très-précoce. On sème le pastel au printemps et en automne; celui-ci donne une cueillette de plus, mais ordinairement on sème au printemps. Dans l'un et l'autre cas, on fait le semis en même temps que ceux du blé; le sol bien ameubli et bien fumé, on jette à la volée 150 kilos de graine par hectare, on la recouvre avec la herse. Quand les plantes ont 4 feuilles, on sarcle à la main, et on enlève toutes les plantes aux variétés velues; on laisse une distance de 0 mètre 08 centimètres à 0 mètre 10 centimètres de l'une à l'autre; on bine quatre à cinq fois s'il le faut: il vaut donc mieux semer en ligne pour la facilité des façons. Les feuilles sont bonnes à cueillir lorsque leurs bords sont violacés; cette opération se fait à la main, on la renouvelle tous les 20 ou 25 jours. On fait ainsi, suivant le climat, depuis deux jusqu'à cinq récoltes. Les feuilles, triturées fraîches par un moulin, sont réduites en pâte dont on fait des boulettes en forme de poire ; c'est alors qu'on lui donne le nom de coque : la moyenne du rendement est 10,000 kilos de coque, qui à 2 fr. 50 c. les 100 kilos font 250 fr. brut. On sème 15 kilos par hectare.

Plantes commerciales.

1° Considérations générales.—Ce que nous avons dit pour les plantes tinctoriales peut s'appliquer parfaitement aux plantes commerciales; on ne doit les admettre dans la grande culture que lorsqu'on est certain d'un débouché facile, et d'une vente certaine; sans ces deux garanties, la production ne doit exister que pour la production particulière. Nous classerons dans cette division: le houblon, cardère, mûrier, tabac, et la vigne.

2° Houblon: culture.—Les progrès de la consommation de la bière ont provoqué l'extension de la culture du houblon. En effet, des brasseries s'élèvent de toute part, et les cônes de cette plante, qui contiennent à la base de leurs écailles une substance pulvérulente et jaune qui entre dans la composition de cette boisson, pour lui donner son bouquet et contribuer à sa conservation, rendent de jour en jour cette culture plus avantageuse. Le houblon exige un sol profond et riche, de même qualité que pour la luzerne. Il est nécessaire qu'il soit peu exposé aux vents, car, étant une plante grimpante que l'on fait filer le long de perches de 6 à 7 mètres, et enfoncées dans la terre, ils pourraient nuire à sa végétation par le mouvement qu'ils imprimeraient. On le plante en avril et en mai, en prenant les plants par écartement sur les vieux pieds; on les espace entre eux, de 0 mètre 66 centimètres. C'est en avril que l'on taille les houblonnières. On ne laisse ordinairement que deux ou trois jets, et l'on coupe les autres au-dessous de la surface du sol. Cette opération donne plus de force à ceux que l'on conserve. On couvre ensuite la souche d'une couche de terre bien meuble, de 0 mètre 05 centimètres à 06 centimètres d'épaisseur.

3° **Récolte.** — Ce que nous venons de dire nous indique assez que le houblon est une plante grimpante vivace; on le récolte au mois de septembre, ou au commencement d'octobre: on reconnaît qu'il est mûr, à l'odeur aromatique qu'exhalent les cônes, et à leur couleur jaune clair. On ne doit le cueillir que par un temps très-sec, en ayant soin, pour lui conserver toute sa valeur, de ne pas laisser trop longues les tiges qui portent les cônes, et d'y laisser le moins possible de feuilles. Après la récolte, on sèche le houblon sur des planches de greniers biens secs; on le laisse en tas, à une hauteur de 1 mètre ou 1 mètre 50 centimètres; on le met ensuite dans des sacs, et on le porte en magasin. Le produit du houblon est variable suivant les années; mais pour une moyenne de dix ans, on peut compter sur 2 de bonnes, 6 de moyennes et 4 de mauvaises. L'hectare rend 1,200 kilos, dont le prix est 1 fr. 70 cent. le kilo.

4° Cardère. — La cardère est une plante bisannuelle, cultivée pour ses têtes, dont les bractées ou piquants, recourbés et crochus, les rendent propres au cardage des draps. Sa racine forte et pivotante exige un terrain profond et sec, quelle que soit sa nature, mais énergiquement fumé. Elle est très-épuisante, car elle produit une quantité de tiges élevées, et beaucoup de semences. On les sème en automne après les céréales, ou au printemps, mais toujours en ligne, pour la commodité de la culture, en ayant soin de les espacer entre elles de 0 mètre 50 centimètres. Le premier binage a lieu aussitôt que les graines ont levé ; on le renouvelle dès que les plants ont pris de la force ; alors on éclaircit. Avant l'arrivée des gelées, on opère un buttage qui les préserve du froid. On a remarqué que lorsque la cardère est transplantée, elle est infiniment plus belle, ce qui ferait indiquer le repiquage, s'il n'était trop coûteux. La seconde année, lorsque la tige se développe et que la tête commence à se former, on la pince ; cette suppression favorise la formation des rameaux latéraux et de leurs têtes. On ne doit pas attendre la maturité absolue de toutes les têtes, il faut les couper aussitôt qu'elles deviennent roussâtres ; on laisse à chaque pédoncule 0 mètre 15 centimètres de longueur, afin de pouvoir les attacher aux cardes. Ces chardons sont transportés dans des endroits secs où la dessiccation se complète. Le produit d'un hectare est de 500 à 1,000 kilos de têtes sèches ; la valeur varie de 80 à 120 francs les 100 kilos. Les graines servent à la nourriture de la volaille, et les tiges à chauffer le four.

5° Mûrier : culture. — Les limites de cet ouvrage ne permettant pas de traiter la culture de cet arbre d'une manière complète, on se contentera d'indiquer qu'il existe plusieurs espèces de ce genre si précieuses pour l'agriculture, à cause de la propriété qu'ont leurs feuilles de servir à la nourriture des vers à soie, et de ne pouvoir être remplacées avantageusement par aucune autre substance végétale.

Le climat qui convient à la culture du mûrier est celui du midi de la France jusqu'à Lyon ; passé ce point il végétera avec autant et peut-être avec plus de force ; mais il ne pourra jamais supporter longtemps de suite la cueillette annuelle de la feuille, parce que la végétation étant retardée au moins d'un mois, et le froid arrivant un mois plus tôt, les pousses nouvelles sont dans l'impossibilité d'arriver à maturité complète, et sont ainsi détériorées par le froid.

Le mûrier croît plus ou moins vite, s'élève plus ou moins haut, vit plus ou moins de temps, donne plus ou moins de produits suivant le sol sur lequel il végète, les influences du climat, le sujet qui a été confié à la terre, la plantation plus ou moins dirigée, et les soins de culture plus ou moins convenables qui lui sont donnés.

Les contrées qui produisent le plus de mûriers, celles où leurs produits présentent le plus d'avantages, ne sont pas généralement celles qui possèdent le meilleur sol; il est souvent plus avantageux de les cultiver sur une terre médiocre et même mauvaise, par cela même que c'est un moyen de rendre très-productif un sol ingrat, aride, impropre à donner d'autres produits. La durée moyenne de cet arbre, lorsqu'il est greffé, est de cinquante ans, tandis que le sauvageon prolongera son existence jusqu'à cent ans; mais le premier ne vécût-il que trente ans, il faudrait encore le préférer au second qui donne annuellement peu de produits.

6° **Du tabac.** — Il y a plusieurs espèces et variétés de tabac, mais toutes ont une racine très-chevelue, pivotante, fort longue, une tige moelleuse, branchue et des feuilles grandes et nombreuses ; aussi elles demandent une terre très-substantielle, profonde, ni trop légère ni trop forte, fraîche sans humidité. Les terrains d'alluvions, les terrains neufs, sont ceux qui conviennent le mieux ; ils doivent être chaudement situés, bien exposés au soleil, abrités des vents du nord et du couchant, parfaitement ameublis et fortement fumés.

7° Culture du tabac. — On doit semer la graine en février sur une couche froide, recouverte d'un châssis vitré et d'un paillasson. Quand le jeune plant a trois ou quatre feuilles, on choisit un temps couvert après une pluie, on arrose la couche, et on enlève les jeunes plants avec la terre, pour les transplanter au plantoir, sur le terrain préparé, et à la distance d'un mètre d'intervalle entre eux.

Les tabacs doivent être binés toutes les fois que les mauvaises herbes envahissent le sol; plus tard on butte chaque pied, et lorsqu'ils ont atteint la hauteur de 0 mètre 60 centimètres on coupe ou on pince le sommet de chaque tige, et on ne laisse que dix ou douze feuilles sur chacune. Six semaines après le pincement elles sont en état de maturité parfaite ; on coupe les tiges à 0 mètre 5 centimètres au-dessus du sol, on les fait faner à l'air et au soleil toute la journée, et le soir on les transporte sous un hangar ouvert; on les couvre de toiles ou de nattes, sur lesquelles on place des planches chargées de pierres ; on les laisse dans cette position trois ou quatre jours, afin qu'elles puissent se ressuyer et fermenter également.

Ici finit la culture du tabac; le reste appartient aux manufactures du gouvernement.

8° De la vigne. — La vigne croît partout où le climat n'est pas extrême, mais partout elle ne donne pas les mêmes produits, mais des produits de même qualité. Partout où elle peut être considérée comme plante indigène ses produits sont bons et abondants, tandis qu'ils sont fort amoindris et qu'on ne les obtient qu'à force d'engrais et de travail dans les pays qui ne sont point vinicoles.

La trop grande chaleur et le froid extrême sont contraires à la végétation et à la bonne production de la vigne ; les contrées tempérées sont donc celles qui conviennent le mieux ; un sol trop sec comme un sol trop humide, un soleil trop ardent et un climat brumeux lui sont aussi très-contraires.

La plaine donne la quantité, le coteau bien exposé la qualité ; les coteaux les mieux exposés sont ceux qui reçoivent depuis le matin jusqu'au soir les rayons du soleil.

9° **Plantation de la vigne.** — Il faut donner préalablement au sol un premier et un second labour très-profonds, à un mois de distance l'un de l'autre, pour que le second puisse détruire les mauvaises herbes et rendre la terre bien meublé. Quinze jours après on exécute un troisième labour pour achever de détruire les mauvaises herbes et niveler le sol. Les jeunes plants doivent autant que possible avoir des racines ; selon que le sol est bon ou mauvais, ils doivent être distancés depuis deux jusqu'à un mètre ; mais quel que soit le sol sur lequel la vigne soit plantée, et de quelque façon qu'elle y soit plantée, elle doit, pour rester productive, être dans un état constant de culture, et l'herbe ne jamais croître sur les racines.

Les engrais les plus convenables pour fumer la vigne sont : le terreau végétal, lorsque le sol est abondamment pourvu de calcaire décomposé ; pour les sols qui en manquent, le compost à la chaux et les cendres valent encore mieux. Au surplus, quels que soient les engrais que l'on emploie, tous augmenteront la production ; mais il faut bien se garder de fumer lorsque les plants sont trop vigoureux, car la trop grande abondance de bois et de feuilles est toujours contraire à la fructification. L'époque la plus favorable pour fumer la vigne est le mois de novembre. On a remarqué que plus la vigne était fumée, plus les produits étaient abondants dans les mauvais sols, et moins la qualité du vin était bonne. Il faut aussi avoir sa vigne plantée du même plant, reconnu de bonne qualité, et pour cela il est bon d'élever soi-même les sujets que l'on veut planter. Les plantations se font dans les pays chauds, de bonne heure, dès que la feuille est tombée, en novembre; dans les pays froids et humides, au contraire, on doit planter tard, de mars en mai.

La taille de la vigne est une pratique extrêmement importante. C'est dans la taille que réside la plus grande partie du savoir du vigneron, parce que c'est la partie la plus difficile de cette culture. Que la vigne soit haute ou basse, les ceps, selon leur nature, doivent être tenus aussi bas que possible; plus le cep de vigne est rapproché de la terre, pourvu que le raisin ne la touche pas, mieux le fruit mûrit, meilleur est le vin, et moins la souche est dans le cas de s'épuiser. La taille de la vigne s'effectue en automne ou au printemps; cependant la meilleure taille est celle de la fin de l'hiver ou du printemps, elle est plus sûre pour la production du fruit. Mais pour cette culture on devra consulter les ouvrages spéciaux qui s'en sont occupés.

CHAPITRE VI.

DES PRAIRIES NATURELLES.

1° Considérations générales. — Il ne faut pas nier la possibilité d'accroître dans une notable proportion les produits de notre agriculture. Elle gît tout entière dans l'amélioration de la terre au moyen des engrais, lesquels sont produits par les animaux, qu'on ne peut élever sans fourrage ; de là cet axiome que la production fourragère est la base de l'agriculture moderne, et que son extension est la condition première du progrès.

On divise la production fourragère en trois grandes classes : la première comprend les prairies naturelles et permanentes, où les herbages poussent sans l'intervention de la main de l'homme, qui se borne à les faucher ou à les faire pâturer par les bestiaux. Dans la seconde classe on range les fourrages dits artificiels, qui sont également fauchés ou pâturés, mais non permanents. Dans la troisième classe viennent se placer les récoltes racines, ainsi appelées de ce que la racine est chez elles la partie la plus importante ; on les désigne aussi sous le nom de récoltes sarclées, parce que, placées à distance l'une de l'autre, en raison du développement qu'elles doivent prendre, en avançant vers la maturité, elles sont séparées par des espaces vides que ne tardent pas à envahir les herbes parasites, qu'il faut détruire plusieurs fois l'an pour les empêcher de nuire à la plante. On a dans le cours de cet ouvrage traité ces deux dernières classes; reste donc à parler de l'établissement et de l'entretien des prairies naturelles.

2° Préparation du sol. — Ce serait une erreur de croire qu'un sol humide par sa nature ou sa position convient à la production de l'herbe. Ce qui lui convient, c'est l'eau, mais à la condition de ne pas être stagnante et de pouvoir s'écouler avec facilité et à volonté ; aussi l'assainissement du sol est-il aussi nécessaire aux prairies qu'aux terres arables, et pour cela on doit employer des fossés d'écoulement ou le drainage. Si le peu de pente ne permet pas un facile égouttement, alors le terrain doit être divisé par bandes de 12 à 15 mètres de largeur, en suivant le sens de la pente ; on creuse un fossé de $0^m,70$ de profondeur entre chacune d'entre elles, et on enlève à la pelle la terre de chaque côté sur le quart de la largeur de la bande en sortant à zéro; cette terre jetée sur le milieu produit ainsi un exhaussement de $0^m,70$; préparée de cette manière la bande représente dans la coupe transversale d'immenses billons de $1^m,40$ d'élévation; les rigoles servant à conduire les eaux sont placées au point culminant, celles d'écoulement au fond entre les bandes ou billons. On trouve ainsi le moyen de créer une prairie en pente sur un sol plat. Ce système a été employé très-avantageusement à la ferme-école des plaines sur une étendue environ de 5 hectares.

Les fossés d'écoulement terminés, les mouvements de terrain pour le nivellement complétés, on doit procéder à la préparation du sol, comme pour une culture de céréales : ainsi, labours, hersages, fumure abondante, rien ne doit être négligé pour obtenir une bonne réussite. On choisit ensuite les graines de plantes les plus convenables au sol ; en général les meilleures sont celles qui proviennent de prairies placées dans les mêmes conditions que celles que l'on veut établir. Cependant, et c'est ici une question essentielle, il est évident que les plantes des pays sablonneux ne réussiront pas ou réussiront moins bien sur les sols argileux, et réciproquement ; mais parmi ces plantes il en est dont la culture est plus ou moins avantageuse, soit par la quantité soit par la qualité du fourrage qu'elles donnent. Voici le nom de quelques plantes auxquelles on doit donner la préférence, selon que le terrain est humide, frais ou sec.

3° Plantes pour les prairies. — Pour les prairies, il faut choisir le festuca elatior, le poa aquatiqua, l'agrostis stolonifera, le medicago maculata, les lathyrus pratensis et palustris, le trifolium pratense. Pour les terrains frais, les paturins, les houlques, les phléoles, les agrostis, le trèfle des prés, les vesces et les gesses. Enfin pour les terrains secs, on prendra les houlques, les chiendents, les fétuques, les lotiers, les trèfles, les bryses, les brômes, les dactyles, le lotier corniculé.

Toutes les graines doivent être semées au printemps sur la prairie à créer, mais il faut y ajouter une plante qui pousse promptement et recouvre le sol d'un feuillage épais sans l'épuiser : c'est le sarrasin. Toutes les plantes germent et poussent à son abri, jusqu'à ce qu'il soit récolté étant arrivé à sa maturité. On doit bien se garder de faire pâturer ou de faucher sa prairie la première année, mais dans la seconde il faut y conduire les moutons ; cela facilite le tallement des plantes qui poussent d'autant plus vite, qu'elles ont été broutées plus près du collet de la racine ; mais le pâturage ne doit avoir lieu qu'au mois de mars, en automne ou en hiver il serait nuisible.

4° Soins à donner aux prairies. — L'expérience prouve que des prairies bien entretenues et fumées convenablement ont une durée éternelle ; mais les gazons nouvellement établis sont loin de posséder encore la végétation qui leur est propre ; ce n'est qu'après un certain nombre d'années qu'ils arrivent à leur état d'équilibre, effet combiné de la nature du sol, du climat, du traitement qu'ils reçoivent, et des engrais qui leur sont départis.

Pour conserver une prairie avec le plus grand rapport possible, il faut la fumer convenablement, soit avec du fumier, soit avec des composts. L'engrais doit être répandu à la surface. Aussitôt que les bestiaux ne vont plus au pâturage, c'est-à-dire au mois de novembre, au mois de mars, on nettoie le gazon avec un rateau et des pailles on en fait un compost, ou on s'en sert pour litière.

5° Irrigations. — C'est en novembre que l'on doit commencer à arroser les prairies ; c'est donc à cette époque que l'on doit réparer les rigoles d'écoulement, exécuter les travaux des fossés, conduits d'eau de toute espèce, afin d'arroser régulièrement et également sur toute l'étendue, en ayant soin d'observer que l'eau ne doit jamais séjourner plus de deux ou trois jours consécutifs au même endroit. Il faut, autant que possible, que toutes les parties du gazon restent couvertes d'eau pendant le même espace de temps. Si les eaux sont chaudes, on doit les laisser constamment pendant les grands froids et tout le temps des grandes gelées ; mais si elles sont froides, il faut entièrement les retrancher pendant tout ce temps-là. L'été et pendant les grandes chaleurs l'irrigation doit avoir lieu pendant la nuit, et le jour l'herbe rester sans eau ; celle qui séjourne trop longtemps dans la prairie détruit les bonnes herbes qui sont remplacées par des joncs.

6° Des fauchaisons. — Huit jours avant de faucher, il faut cesser tout arrosage, qui ne devrait être repris que huit jours après la coupe de l'herbe, afin de donner le temps à la plaie faite par la faux de se cicatriser. On mettra l'eau plusieurs nuits de suite, ayant soin de l'ôter avant le jour ; après huit ou dix nuits d'irrigation, on ne la remettra plus que toutes les deux nuits.

Les foins doivent toujours être abattus, avant que la graine soit arrivée en maturité ; on reconnaît qu'une prairie doit être fauchée, dès que le bas de la tige commence à devenir jaune. On ne doit, autant que possible, commencer la fauchaison que lorsque le temps est bien établi, ordinairement après la pluie ; après avoir consulté le baromètre, s'il monte vite, on doit craindre le retour de la pluie, s'il monte lentement, on peut espérer une longue suite de beaux jours. Souvent il arrive qu'à l'époque des moissons, il règne des pluies continuelles ; dans ce cas il vaut mieux laisser l'herbe sans couper, plutôt que de s'exposer à perdre son foin ou à le détériorer lorsqu'il est abattu.

7° Dessiccation des fourrages. — Après avoir été coupé le foin doit rester en andains un jour ou deux, selon le degré de chaleur ; dès qu'il a perdu son eau de végétation, on le dépose de nouveau en andains quinze ou vingt fois plus forts que ceux faits par la faux. On le laisse ainsi entassé pendant quelques heures de grandes chaleurs ; on le remue ensuite une seconde fois, en le soulevant avec la fourche ; à la tombée de la nuit, on le dispose en petites meules de $1^m,25$ de hauteur sur $1^m,50$ de diamètre à la base. Le lendemain lorsque la rosée est passée et que la chaleur commence à se faire sentir, on étend un peu les meules, en les secouant de nouveau. Cette opération terminée, le fourrage étant resté quelques heures à l'ardeur du soleil, après avoir été remué plusieurs fois, peut être rentré en magasin.

Pour que les foins et fourrages se conservent longtemps de bonne qualité, ils ne doivent être rentrés que lorsqu'ils sont parfaitement secs ; ils ne doivent cependant pas être desséchés par l'ardeur du soleil ; trop secs, ils perdent leur qualité de bon fourrage ; lorsqu'ils ne le sont pas suffisamment, ils sont exposés à moisir ; dans ce cas ou lorsqu'ils ont été mouillés par la pluie on doit les disposer par couches superposées entre lesquelles on jettera du sel pilé aussi fin que possible. Ce procédé, au reste, est avantageux à tous les fourrages, en ce qu'il les conserve, et leur donne de la qualité.

COURS

DE VÉTÉRINAIRE.

RACE BOVINE.

DU BŒUF.

1° Ses qualités. — Le bœuf, comme le cheval et comme tous les autres animaux domestiques, doit présenter de belles et bonnes formes, de belles et bonnes qualités. Certaines personnes attachent beaucoup d'importance à la couleur du poil du bœuf, et cependant la couleur chez ce quadrupède n'est qu'un objet de pure fantaisie : ce qui importe c'est que son poil soit lisse, luisant, épais et doux au toucher ; le poil hérissé, mal uni, peu fourni est chez le bœuf un signe presque certain que l'animal est mal portant, ou du moins qu'il est d'une faible constitution.

Les belles formes du bœuf sont : les cornes bien faites, bien placées, ni trop grosses ni trop faibles, une tête courte proportionnée au corps, le cou renforcé, le fanon pendant jusqu'aux genoux, des jambes fortes bien établies, bien saines et nullement engorgées ; les jointures fortes et déliées, des sabots ronds bien faits ; le poitrail du bœuf doit être large, son train de derrière ample, ses cuisses fortes, les jampes de derrière doivent être bien placées, non engorgées non plus que les jarrets ; la croupe doit être bien établie et assez large, le haut de la queue de niveau avec la croupe ; la panse doit être large sans exagération et bien developpée sur toute la partie inférieure de l'animal ; les parties génitales doivent être petites. Le bœuf doit être bien hongré ou bistourné; l'épine dorsale de ce quadrupède doit être bien établie, ne pas être trop arquée, ni présenter aucune bosse.

DU TAUREAU.

2° Ses qualités. — Le taureau ressemble beaucoup au bœuf; il est au reste le même animal, non privé de ses parties génitales; cependant le taureau plaît généralement plus à la vue que le bœuf. Il a ordinairement la tête et les cornes plus courtes, le corps plus renforcé; il est plus fier, plus vif, plus alerte et plus ardent. Les taureaux choisis pour la monte doivent être de moyenne taille dans l'espèce à laquelle ils appartiennent, être bien faits, avoir l'œil vif ainsi que toutes les allures, jouir surtout de la plus parfaite santé, avoir d'ailleurs les qualités et formes de bœuf du meilleur choix.

3° Observations. — Le taureau destiné à la monte ne doit jamais servir avant l'âge de 18 mois, et le meilleur serait de 2 à 3 ans; les femelles peuvent porter un peu jeunes; dès l'âge de deux ans elles peuvent être employées à cet usage. Comme le taureau, la femelle doit être belle de forme, être plus grande que le mâle, elle doit avoir les parties génitales et l'abdomen bien développés; le service du taureau pour la régénération de l'espèce doit cesser dès qu'il est arrivé à l'âge de 10 ans, attendu que chez le taureau, comme chez tous les animaux, la bonne reproduction est le privilége de la force et de la jeunesse. On ne doit pas non plus livrer trop de vaches en un même temps donné pour la monte au taureau; il faut observer la même règle pour tous les animaux possibles, car par des saillies trop multipliées on épuise bien vite le mâle, et, d'un autre côté, les produits d'un mâle fatigué, épuisé, sont faibles et de mauvaise qualité; deux saillies par jour sont déjà beaucoup dans les belles races bovines;

une suffit pour les races chevalines ; encore serait-il toujours mieux pour les belles races de ne les faire servir qu'une fois tous les deux jours.

4° Races indigènes. — Lorsqu'on ne veut pas sortir de l'une des races indigènes pour la multiplication et l'amélioration de cette race, on doit choisir ce qu'il y a de plus parfait en sujets mâles et femelles, c'est là le sûr moyen d'améliorer. On obtient même plus de succès en croisant les étrangères avec les races indigènes, et en employant pour la monte des sujets pur sàng étranger. Cependant chez les bêtes à cornes, comme chez les chevaux, il faut user avec prudence de ces croisements pour créer à la longue de nouvelles races.

Ce que nous venons d'expliquer pour les races bovines, s'applique avec un égal succès à toutes les espèces d'animaux domestiques ; nous ferons observer ici que chez tous les animaux en général le mâle influe plus sur les produits, pour ce qui regarde les formes et les qualités, que la femelle ; il est donc très-important de faire choix des mâles qui se rapprochent le plus de la perfection, pour les alliances destinées à l'amélioration des races. La grande taille des produits dépend de celle des femelles ; celles destinées à la reproduction doivent être toujours, autant que possible, d'une riche taille.

Pendant le temps de la monte, les étalons destinés à la reproduction recevront une nourriture un peu plus échauffante que celle qui leur est ordinairement donnée.

DE LA VACHE.

5° Manière de la traiter. — La vache, femelle du taureau, lui ressemble essentiellement en tout ce qui regarde les formes générales quoiqu'elles soient moins caractérisées que chez ce dernier.

Comme femelle et mère, elle est sujette à bien plus d'incommodités que le mâle ; elle a par conséquent de plus grands besoins et exige par cette raison plus d'attention de la part de l'éleveur. Nous allons nous occuper de tout ce qui tient aux infirmités de la maternité et de la reproduction chez ce quadrupède femelle, sans parler de ce qui tient aux races, parce que, sur ce point, ce que nous avons dit pour le bœuf s'applique également à sa femelle.

Nous recommandons particulièrement aux éleveurs de choisir toujours dans les différentes races les femelles réputées bonnes laitières, d'un engrais et d'un entretien faciles, ayant d'ailleurs les qualités que nous avons recommandées pour la reproduction, ayant également égard au climat et à la nourriture ; attendu que le climat et la nourriture influent beaucoup sur les formes et les facultés des animaux domestiques, et cela plus particulièrement sur la race bovine que sur tous les autres animaux : on ne doit compter sur de beaux et bons produits en ce genre que là où la nourriture est abondante, de bonne qualité et avec un climat convenable.

6° Soins à donner à la vache. — La vache est de tous les animaux domestiques celui qui demande le plus de soins et d'attention dans la qualité et la quantité de la nourriture qu'on lui fournit. Ces soins sont surtout nécessaires pour obtenir d'elle une abondante quantité de lait et de bonne qualité.

La vache laitière réclame de bons aliments, mais ils ne doivent jamais lui être donnés en trop grande quantité : une vache trop nourrie s'engraisse promptement, mais on ne trouve pas dans ses produits laiteux ni la qualité ni la quantité équivalente.

7° Animaux reproducteurs. — Dans l'accouplement des animaux reproducteurs, on doit chercher dans les deux sexes des formes et des qualités semblables ou en harmonie autant que possible, lorsqu'on veut rester dans la race et l'améliorer ; mais lorsqu'on veut créer des races nouvelles, soit pour arriver aux formes, au poids ou à la graisse, alors il faut choisir dans les différentes races des animaux reproducteurs des deux sexes ceux qui se rapprochent le plus du but de production que l'on se propose d'obtenir. Lorsqu'on destine les élèves à la boucherie, on doit choisir des pères et mères parmi les animaux qui se distinguent par un système osseux peu volumineux, et par le gros volume de leur chair, la grosseur de leur corps allongé, leurs cornes minces et longues, les jambes courtes, plutôt faibles que fortes et la tête légère ; lorsque au contraire les élèves sont plus particulièrement destinés au travail, il faut faire choix de pères et mères dont le système osseux est plus développé et qui ont de fortes et solides jambes, sans cependant rien exagérer, car un système osseux très-prononcé serait un inconvénient pour le travail comme pour la graisse ; lorsqu'ils sont destinés au travail, les bœufs doivent avoir de jolies formes ; il faut des cornes moyennes, bien placées pour que le joug puisse facilement s'y adapter ; dans ce cas, les cornes doivent être plutôt fortes que longues ; pour la production de la chair, au contraire, elles doivent être plutôt longues que fortes.

8° **Moyens d'obtenir de bons produits.** — La santé des animaux reproducteurs étant l'une des plus sûres garanties de la bonne qualité de bons produits, on doit apporter la plus grande attention à ne destiner à la reproduction que des animaux qui ne laissent rien à désirer de ce côté-là.

Les taureaux comme les mâles des races chevalines et ovines destinés à la monte sont mieux placés en liberté dans de bons pâturages que dans l'étable où ils s'ennuient et où le régime qu'on leur fait suivre leur convient peu.

Un taureau libre dans de bons pâturages n'a besoin d'autres soins que d'un peu de sel qu'on lui donne de temps en temps ; à l'écurie il a besoin d'une abondante nourriture, de première qualité et un peu échauffante : parmi les grains, l'avoine est celui qui lui convient le mieux.

9° De la monte, de la gestation. — La vache retenant très-bien la semence fécondante, est assez ordinairement pleine après une seule saillie, rarement elle en exige plus de deux ; la durée de la gestation est de neuf à dix mois.

La vache, plus sujette à avorter que la jument, demande plus de soins pendant le temps de la gestation ; pendant tout ce temps, elle ne doit être employée qu'à de faibles travaux, ayant pour but plutôt l'exercice qui lui est nécessaire pendant la gestation que le bénéfice du travail lui-même. On doit surtout veiller à ce qu'elle ne fasse aucun effort, à ce qu'elle ne se heurte contre aucun corps dur lorsqu'elle rentre à l'étable.

10° Nourriture de la vache. — La nourriture verte, les racines et les soupes en buvées conviennent mieux à la vache que le fourrage sec ; pendant qu'elle porte son fruit, elle doit être bien nourrie, avec une nourriture de bonne qualité, mais jamais en recevoir une trop grande quantité, parce qu'une trop grande abondance nuirait à sa santé, qu'une nourriture au-dessus de l'ordinaire aurait l'inconvénient de trop engraisser l'animal, et la graisse celui de nuire à la parturition.

11° De la parturition ou mise bas. — Lorsque le moment du vêlage approche, ce qui s'annonce par le plus gros volume des mamelles, il faut isoler la vache et lui donner une bonne litière ; l'étable dans laquelle on la place doit être propre, bien aérée, offrir une température modérée. La vache sera visitée chaque soir, et dès qu'on apercevra les signes d'une parturition prochaine, on la veillera pour lui donner les soins que réclame son état.

La vache qui aurait travaillé pendant le temps de la gestation doit cesser de travailler deux mois avant la mise bas, le gonflement de la vulve d'où sortent les mucosités mêlées de sang venant du placenta, la rupture de la poche des eaux, sont les signes certains du vélage immédiat.

Après la parturition, il faut laisser la vache dans la plus grande tranquillité, après l'avoir toutefois bien bouchonnée et enveloppée d'une couverture, lui avoir donné de l'eau avec de la farine pour étancher sa soif qui est ordinairement très-grande. Si après ce travail elle est faible et fatiguée, on lui donnera une buvée dans laquelle il entrera une certaine quantité de vin. Ce n'est que douze ou quinze heures après la mise bas, lorsqu'elle n'a pas été trop laborieuse, que l'on doit donner de la nourriture à la vache ; les végétaux cuits sont celle qui convient mieux, mais il faut la lui donner avec ménagement ; une trop grande abondance en pareil cas serait extrêmement contraire à la santé de la mère et de son petit.

12° Soins à donner aux veaux.—Après la parturition, la vache et le veau doivent être tenus chaudement et séparés l'un de l'autre dès le premier instant de la naissance ; la vache léchant son veau peut le mordre, lui faire beaucoup de mal, lui occasionner même une hémorrhagie en lui léchant le nombril.

Comme les veaux sont ordinairement frêles après leur naissance, ils ont bien de la peine à se tenir droits sur leurs jambes ; on est alors forcé de les soutenir pour leur faire prendre le pis de la mère ; il arrive quelquefois même qu'ils ne veulent pas le prendre du tout ; dans ce cas, il faut faire boire au petit du lait sortant du pis de la mère, ou bien du lait tiède ; quelques personnes font prendre aux veaux de l'eau sucrée et même du vin sucré lorsqu'ils sont excessivement faibles.

Le foin, la paille et autres fourrages secs ne conviennent pas à la vache fraîchement vêlée ; les végétaux cuits, les racines tuberculeuses, les herbes fraîches sont les aliments qui lui conviennent le mieux ; toutefois, ils doivent être servis avec modération dans la crainte de lui faire trop de graisse au détriment du lait.

La plupart des éleveurs partagent le lait de la mère avec le veau ; c'est une bien fausse spéculation, soit que l'on veuille le laisser teter longtemps, soit que l'on veuille sevrer ce veau de bonne heure. Le veau ainsi privé de sa nourriture perd beaucoup de sa valeur ; il est faible si on le destine au travail et à la propagation ; pour la boucherie il ne présentera jamais de grands avantages. Pour empêcher que le veau ne tète trop souvent, on pourra placer les mamelles de la vache dans un sac ; cet appareil ne sera enlevé qu'au moment des repas qui seront pris au nombre de trois en hiver et quatre en été.

Pour que l'élève devienne fort et robuste, qu'il prenne de la chair et de la graisse, qu'il puisse rendre de grands services et présenter de grands avantages lorsqu'il sera arrivé à un âge plus avancé, soit qu'on le destine au travail ou à la boucherie, il faut qu'il consomme tout le lait de la mère, qui souvent même ne suffit pas à l'engraissement du veau lorsqu'on le destine à la boucherie. Dans ce cas, pour en faire une belle pièce, il faut toujours lui faire prendre le lait d'une deuxième et quelquefois d'une troisième vache, de manière que le veau, à mesure qu'il grandit et grossit, ait de la nourriture à discrétion à l'heure du repas.

On ne doit jamais calculer la quantité de lait que le veau dépense, jamais le lui retrancher dans les premières semaines de la vie, car si à cette époque le veau n'a pas pris suffisamment de nourriture, il ne donnera jamais qu'un faible travail et un mauvais produit.

Bien qu'une abondante nourriture soit nécessaire aux animaux domestiques, cependant comme tout doit avoir des bornes, il faut bien se garder de tomber dans l'excès; l'excès ruine l'animal et l'éleveur. Pour éviter ces dangers, avant de fournir la quantité d'aliments à donner à chaque repas, il faut calculer les facultés digestives de l'animal : celui qui digère facilement doit recevoir une quantité de nourriture plus considérable que celui dont la digestion est lente et difficile; sur ce point, rien ne peut mieux nous renseigner que l'expérience, la pratique raisonnée.

14° Soins de propreté. — Les soins de propreté tant sur les animaux que dans les étables, et dans la litière à leur fournir, contribuent plus qu'on ne le pense à donner une grande valeur aux produits; chez le cheval, les pansements, les soins de propreté font autant que la nourriture. Chez la race bovine, au contraire, la nourriture est le premier de tous les besoins; cependant, chez le bœuf comme chez tous les animaux domestiques, les soins de pansage et de propreté ne doivent jamais être négligés, si l'on veut en obtenir de bons résultats.

Au lait que l'on donne ordinairement aux gros veaux que l'on veut engraisser, il faut joindre du pain, de la farine de maïs, de sarrasin ou toute autre cuite : il est même des éleveurs qui leur font avaler matin et soir des œufs frais; mais ces aliments, qui sont coûteux, ne doivent leur être donnés que sur la fin de l'engraissement, dans les pays où les veaux acquièrent un grand volume, un grand poids, et se vendent très-avantageusement.

15° Des vaches laitières. — La vache que l'on destine à donner du lait et des veaux faciles à s'engraisser doit avoir les membres grêles, la tête fine, les cornes petites, effilées et luisantes, le cou léger et étroit, la poitrine large, les flancs courts, les reins larges. charnus, le bassin bien développé, la queue fine à sa base, les fesses fournies, la peau souple, le poil fin et lisse, les veines superficielles bien apparentes, les mamelles fermes, larges, bien arrondies et bien pourvues de glandes. L'écusson, signe nouvellement découvert par M. Guenon, consiste en une certaine quantité de poils qui vont en remontant depuis le haut des mamelles et l'intérieur des cuisses jusqu'au-dessous de la vulve.

Outre les qualités physiques que nous venons d'indiquer ici pour la vache destinée à la production, le taureau doit encore réunir les suivantes : un poil uniforme non taché, un corsage allongé, les côtes rondes, les jambes et les jarrets forts, les onglons gros, la tête courte, les oreilles longues, le dos de niveau sur toute son étendue, les hanches larges, et l'origine de la queue de niveau avec la croupe.

16° Pâturages convenables aux bêtes bovines. — La race bovine ne se contente pas, comme la race ovine, d'une herbe fine et rase ; le bœuf, à cause de la conformation de sa bouche, dont une seule mâchoire est garnie de dents, demande un pâturage abondamment garni de grandes herbes, qu'il paît sans nuire en rien aux nouvelles pousses de la prairie, pendant que la dent meurtrière du mouton, celle même du cheval, la détériore grandement, si toutefois elle ne la détruit pas.

De l'âge de la race bovine.

17° Observations générales. — L'âge du bœuf se connaît par les dents incisives au nombre de huit placées sur le devant de la mâchoire inférieure, la mâchoire supérieure en étant dépourvue.

Les incisives de la mâchoire inférieure se composent

de deux pinces placées au centre de la mâchoire, **deux** premières mitoyennes à côté des premières, et **enfin** deux coins placés à côté des secondes mitoyennes; **les** dents pendant la vie de la race bovine sont de **deux** espèces : 1° les dents caduques, dents de veau ou de **lait;** 2° les dents de remplacement, d'adulte, de taureau ou de bœuf.

C'est à l'éruption et à l'usure des dents caduques **et de** remplacement que l'on connaît l'âge des races **bovines** pendant les deux périodes bien marquées de la vie **du** veau, du taureau et du bœuf.

L'éruption des dents caduques a ordinairement **lieu** dans les vingt premiers jours de la naissance du veau; le rasement des pinces caduques a lieu entre six **à sept** mois; entre onze et treize mois s'effectue le rasement **des** premières mitoyennes; de quatorze à seize mois rasement des secondes mitoyennes : les pinces sont **alors** courtes et desséchées, quelquefois même à cette époque elles remuent et tombent.

Ordinairement à quinze et seize mois toutes les incisives caduques représentent de vieux chicots que l'on peut arracher avec facilité; cependant, selon que l'on aura donné au veau une nourriture plus ou moins facile à broyer, plus ou moins fibreuse, les dents pourront subir une altération plus ou moins prompte.

C'est ordinairement de seize à vingt-quatre mois **qu'a** lieu la sortie des pinces de remplacement. Lorsque l'animal a mis ces deux dents; il est alors réputé taureau ou bœuf.

De deux et demi à trois ans, éruption des premières mitoyennes de remplacement. De trois ans et demi **à** quatre ans, éruption des deuxièmes mitoyennes. **De** quatre ans et demi à cinq ans, éruption des coins **de** remplacement. De cinq ans et demi à six ans, la rangée incisive parvient au rond; dans cet intervalle, le rasement des bords tranchants des pinces a lieu, et ces **dents** sont plus belles que les premières mitoyennes, qui les débordent de plus de 0 m. 002 m.

A six ans le nivellement de l'ovale des pinces est déjà très-avancé, celui des premières mitoyennes est commencé.

De six ans et demi à sept ans, rasement des premières mitoyennes, nivellement des deux tiers de l'ovale de ses dents; la table des pinces est sur le point d'être nivelée.

De sept ans et demi à huit ans, rasement des secondes mitoyennes, nivellement complet des pinces, nivellement très-avancé des premières mitoyennes.

De huit à neuf ans, rasement des coins et nivellement des deux tiers de leur ovale; la table des pinces et des premières mitoyennes commence à présenter une cavité qui correspond à la convexité du bourrelet.

De dix à onze ans, forme carrée de l'étoile dentaire, entourée d'une bordure blanche sur la table des pinces et des mitoyennes, nivellement des coins; l'arcade incisive est au ras.

De onze à douze ans, formes carrées de l'étoile dentaire sur toutes les dents; la convexité de la table est plus prononcée, il y a écartement des incisives.

18° Age des bœufs par les cornes. — Pour reconnaître l'âge du bœuf par les cornes, il faudra d'abord compter pour trois années d'âge le bourrelet qui se trouve le plus près de l'extrémité de la corne; ceux qui viennent ensuite allant vers la racine de la corne, chacun pour une année seulement : de sorte que le bœuf qui présente deux bourrelets a quatre ans, celui qui en présente trois a cinq ans, ainsi de suite, comptant toujours une année par bourrelet. Nous ferons observer ici que la connaissance de l'âge par les dents est beaucoup plus sûre que par les cornes : celle-ci est fort incertaine.

19° Nourriture de la race bovine. — Tout le gros

bétail peut vivre dans les pâturages pendant l'été ; mais cette méthode ne peut être pratiquée que dans les contrées abondamment pourvues d'herbages et dans celles montagneuses ; partout ailleurs c'est dans l'étable que doivent être nourris les animaux domestiques herbivores. Le foin, les fourrages artificiels, la paille, les betteraves, les carottes, l'avoine, l'orge, le seigle, le maïs, le sarrasin, sont les aliments qui servent de nourriture aux chevaux et aux bœufs. Les chevaux ne sauraient s'accommoder toute l'année d'une nourriture fraîche ; c'est au contraire celle qui convient le mieux à la race bovine.

La nourriture verte continuée toute l'année nourrit bien, et engraisse promptement le bœuf, pourvu toutefois que l'herbe soit de bonne qualité. L'herbe n'est pas aussi nourrissante dans certaines contrées que dans d'autres, sur certains sols que sur bien d'autres. Dans les pays de bons herbages, toutes les plantes de la famille des graminées sont excessivement avantageuses à la nourriture du bœuf comme à celle du mouton ; elles ne leur font même jamais de mal, quelle que soit la quantité qu'ils puissent en manger : il n'en est pas de même lorsqu'ils paissent sur des prairies artificielles de luzerne et de trèfle : une trop grande quantité de cette nourriture leur occasionne le météorisme ou l'enflure du bas-ventre, maladie extrêmement dangereuse, dont les effets sont si prompts, que la mort de l'animal en est presque toujours la suite, lorsque le remède n'est pas administré à temps. Nous dirons plus tard comment on parvient à guérir promptement cette maladie dangereuse chez les ruminants.

Comme il n'est pas possible de se procurer de la nourriture verte pendant l'hiver, voici comment il faut y suppléer : on fait tremper pendant vingt-quatre heures, dans l'eau claire, du foin, du fourrage, de la paille même, lorsqu'on manque de foin, ou un mélange de paille et de foin, faisant servir la même eau pour y tremper de nouveau foin, aussi longtemps que cette eau n'a pas acquis une odeur désagréable ; on a soin toutefois d'en ajouter de nouvelle, aussitôt qu'on a enlevé le fourrage, pour remplacer la déperdition ; on remplace immédiatement l'ancien par du foin sec. L'eau peut servir à cet usage pendant quinze jours sans se corrompre, lorsqu'elle est en partie chaque jour renouvelée ; elle prend alors pendant ce temps des qualités nutritives et une odeur balsamique agréable ; elle finit même par devenir très-nourrissante, par la simple infusion des aliments fourragés qu'elle détrempe. Huit kilos de foin, fût-il même de médiocre qualité, ainsi traités, suffisent pour la nourriture d'un bœuf pendant une journée. On aura toutefois soin d'ajouter à cette ration quatre ou cinq kilos de betteraves ou de carottes. La ration doit être divisée en trois parties, l'une donnée le matin, l'autre à midi, la troisième le soir. On entretient très-bien, de cette manière, des bœufs de taille ordinaire ; il faut augmenter la quantité de nourriture si l'animal est de plus grande taille ; la ration de sel est de soixante grammes, dissous dans l'eau, dont on asperge le fourrage trempé.

Lorsqu'on veut engraisser les bœufs, on joint à la ration ordinaire deux kilos de bon foin, quelques kilos de pommes de terre cuites, et un peu de farine des différents grains, dont on a parlé plus haut. Avec ce régime peu coûteux, les bœufs sont bien entretenus pendant l'année, et on parvient toujours à les engraisser en moins de trois mois. Par cette méthode, on dépense la moitié moins que par les méthodes ordinaires, et on obtient la moitié plus de fumier, parce que la nourriture en buvée est d'une bien plus facile et plus prompte digestion que la nourriture sèche.

RACE OVINE.

1° Ses avantages. — Comme les chevaux et les bœufs, les bêtes ovines ont leurs races, leurs espèces et leurs variétés ; chaque race, espèce et variété a ses beautés et ses défauts particuliers. On aurait beaucoup à faire si on voulait citer tout ce qui distingue les races, les espèces et les variétés entre elles. Ce travail ne peut entrer en entier dans un ouvrage qui ne doit être qu'un simple aperçu. On se bornera donc à grouper les différentes races, espèces et variétés, de manière à en faire deux grandes catégories. Le mérinos, la belle race espagnole, formera le type le plus parfait de la première catégorie, et les belles races anglaises, les durham, celui de la deuxième.

2° 1ʳᵉ catégorie. — La première catégorie comprendra tous les moutons de basse taille, courts de jambes et trapus de corps, donnant une laine courte, fine, frisée, et une toison épaisse. Nous observerons ici que plus les différentes races, espèces et variétés des moutons de cette catégorie approchent du mérinos par les qualités de la laine, plus ces races, espèces et variétés sont précieuses. C'est donc vers ce point de perfection que doivent tendre tous les efforts des éleveurs qui veulent se procurer des laines fines, courtes, des toisons pesantes et bien fournies, la viande de boucherie n'étant chez les moutons de la première catégorie qu'une spéculation secondaire.

3° 2ᵐᵉ catégorie. — La deuxième catégorie comprendra tous les moutons au corps allongé et renforcé, hauts de jambes, ayant la laine longue, la toison moins fournie que celle du mérinos, et, en général, que celle de tous les moutons de la première catégorie, mais qui fournissent beaucoup plus de viande de boucherie. Les moutons les plus parfaits de cette catégorie sont les belles races anglaises.

4° Zones des catégories. — Ces deux grandes catégories ont chacune leurs zones, leurs climats particuliers ; la première appartient aux contrées méridionales, la seconde aux contrées du Nord. Cela une fois bien compris, chacun devra, suivant la zone qu'il habite, rester dans la catégorie de son climat, pour l'élève des races ovines, soit que l'on veuille maintenir ces races dans leur pur sang, soit que l'on veuille améliorer les races indigènes par des croisements étrangers. Le mérinos espagnol, élevé en Angleterre, croisé avec le durham anglais, ne donnera jamais que de faibles ou mauvais produits, pendant que le mérinos, élevé sous la zone qui lui convient, et croisé avec des moutons de sa catégorie, bien que d'une qualité inférieure, donnera toujours de bons produits, ou du moins passables. De même, le durham, élevé sous la zone qui lui convient, et croisé avec des moutons inférieurs de sa catégorie, donnera toujours de bons résultats.

5° De l'influence du climat sur les races ovines. — Le climat brumeux, le sol bas et humide des plaines, le froid rigoureux du Nord ne sauraient convenir aux moutons de la première catégorie. Ces inconvénients atmosphériques nuiraient grandement à leur constitution, à leur santé, à la finesse et à la beauté de leur laine, comme à la bonté de leur chair. De même, les grandes chaleurs qui se font sentir dans les contrées méridionales, l'herbe chétive qui croît sur le sol aride des pays chauds, ne conviendraient nullement à la constitution, à la santé et par conséquent à l'abondance des chairs des moutons de la deuxième catégorie, la viande étant le principal produit de cette espèce qui se distingue par un gros appétit.

Les mérinos et tous les moutons de la même catégorie naturellement sobre ne redoutent point un climat chaud, aride, montueux et peu fourni d'herbes ; pendant que le sol bas, humide des plaines, le trop grand froid, les herbes peu aromatiques du Nord leur seraient singulièrement nuisibles.

Les moutons anglais, au contraire, comme tous ceux de leur catégorie, ne redoutent ni les plaines basses et brumeuses, ni les froids rigoureux du Nord ; ils demandent avant tout une nouriturre abondante, de bons et gras pâturages. Il est bien fâcheux que les éleveurs négligent trop souvent ces considérations importantes dans l'intérêt du maintien des races et dans celui de l'amélioration des produits.

6° Erreur des éleveurs. — En France, la plupart des éleveurs confondent les catégories, les races, les espèces et les variétés, et ne s'occupent nullement du climat, de la position des lieux, du genre de nourriture à donner aux animaux, du logement qui leur convient. Il résulte de cette fausse manière de procéder que nos races, espèces et variétés sont bien loin de présenter les mêmes perfections que les races étrangères, bien mieux traitées que les nôtres ; aussi nos troupeaux de bêtes ovines, loin de s'améliorer, dégénèrent-ils chaque jour.

7° Manque de soins. — Le peu de soins que l'on donne pour tout ce qui tient à la propagation pour le maintien des races et leur perfection par les croisements, le manque de soins, d'hygiène, sont les causes de la dégradation des formes, du manque de qualité, soit pour l'excellence des chairs, soit pour la finesse des laines. Les dégradations de ce genre se remarquent dans presque tous nos troupeaux de moutons : non-seulement nous ne possédons plus de belles races indigènes, mais dès qu'une race étrangère a mis le pied sur notre sol, elle y dégénère. Cependant la France possède tous les éléments nécessaires pour l'élève des meilleures races : son climat, son sol, ses gras pâturages, l'industrie de ses habitants, tout lui vient en aide pour bien faire en ce genre. Pourquoi donc nos praticiens éleveurs des bêtes ovines restent-ils malgré tous ces avantages dans la manière vicieuse de la routine ? Ils ne sont certainement pas arrêtés par les difficultés de direction, car il est plus facile de bien conduire un troupeau que de le conduire mal : ici tout est donc le fait de la négligence et de l'ignorance.

8° Soins à donner aux moutons. — Le mouton, animal sobre, a peu de besoin ; naturellement vêtu chaudement, il n'exige d'autre logement que celui qui doit le mettre à l'abri de la pluie, de la neige et des vents froids du nord pendant l'hiver, et pendant l'été à l'abri de la trop grande ardeur du soleil ; il ne demande donc pour logement que de simples hangars, légèrement mais convenablement construits ; sa nourriture ne présente pas plus de difficultés : elle se compose d'herbes fraîches, de foin, de fourrages secs de toute espèce, de paille, de feuilles, de betteraves, de carottes, de pommes de terre, de grains, de farine, de son, etc.; car le mouton peut se nourrir de presque tous les produits de la terre, qui tous doivent lui être donnés froids et en quantité suffisante. Tout mouton bien entretenu recevra un kilogramme de nourriture par jour; cette quantité pourra varier un peu plus ou moins suivant que l'animal sera plus ou moins fort ou que les aliments seront plus ou moins nourrissants ; le foin, les fourrages artificiels, les grains, les farines sont les aliments les plus nutritifs.

9° Salubrité de la bergerie. — Tout hangar devant servir de bergerie doit, pour première condition de salubrité, présenter un terrain en plaine élevé de 30 à 40 centimètres au-dessus de la surface du niveau de la terre,

Le sol de la bergerie ainsi élevé doit former le dos d'âne vers le centre avec légère pente vers les murailles latérales formant les deux grands côtés de l'étable ; l'écurie autant que possible aura la forme d'un rectangle allongé ; en bas des pentes il sera pratiqué dans les murailles de l'écurie de petites ouvertures à 1 mètre de distance les unes des autres pouvant donner passage aux urines et aux gaz méphitiques plus lourds que l'air atmosphérique pour qu'ils puissent se vider à l'extérieur. La toiture de la bergerie doit être élevée et pourvue d'ouvertures ou soupapes mobiles ; ces ouvertures ont pour but de donner passage à l'extrémité aux vapeurs, aux gaz plus légers que l'air de l'atmosphère. Le local doit être en outre pourvu de portes et de fenêtres pouvant établir à volonté les courants d'air nécessaires à la plus grande salubrité de l'étable ; les râteliers destinés à recevoir la nourriture fraîche ou sèche doivent être placés au centre de la bergerie ; les auges dans lesquelles on doit déposer la nourriture mouillée en buvée et les boissons seront placées contre les murailles un peu élevées au-dessus des ouvertures pratiquées au niveau du sol pour l'écoulement des urines et des liquides répandus dans l'étable, qui doit être chaque jour couverte de litière fraîche.

Par ces dispositions bien simples, il sera toujours possible de tenir la bergerie dans un état constant de salubrité, qui est bien loin d'exister dans les bergeries de la plupart de nos praticiens éleveurs de bêtes ovines. Presque tous les locaux qui servent aujourd'hui de logement aux troupeaux de la France sont bas, peu aérés, enfoncés dans le sol, hermétiquement fermés ; ils sont par conséquent aussi malsains que possible, et si on ajoute à tous ces inconvénients la fange formée par l'eau tombée des auges sur le sol de l'écurie, sur la litière qui n'est composée que de terre dans laquelle les moutons entrent jusqu'aux genoux, piétinant sur le sol pâteux, sur lequel ils sont forcés de se coucher, on comprendra facilement combien un tel logement est peu convenable et combien il est malsain, combien il doit nuire à la qualité des bêtes ovines et à la qualité de leur laine. Les miasmes ou gaz qui se dégagent des litières fangeuses sont encore rendus plus fétides et plus délétères par la grande quantité d'urine et des matières fécales que le troupeau y dépose, et que les éleveurs ont bien soin de laisser plusieurs mois dans l'étable, pour en sortir, disent-ils, un meilleur terreau. L'air ainsi vicié au dernier point occasionne toute espèce de maladies, et la fange de l'écurie engendre les maux de pied si dangereux chez les bêtes ovines. Avec autant de causes de dégradations qui toutes naissent du manque d'attention et de soins, il n'est pas étonnant qu'en France nos bêtes dégénèrent, qu'elles restent chétives, sans qualité pour la viande de boucherie comme pour la laine, et qu'elles soient sujettes à toute espèce de maladies inconnues dans les pays où les animaux sont mieux traités.

10° Nourriture convenant aux moutons selon les contrées. — Le mouton peut être nourri au pâturage ou à l'écurie dans les contrées montagneuses et partout où il existe de vastes contrées incultes qui ne produisent que de l'herbe qui ne peut se faucher ni se transporter. Les moutons doivent vivre dans les pâturages ; partout ailleurs il est mieux de les nourrir dans les bergeries, qui ne doivent être peuplées dans la plaine que pendant la mauvaise saison de l'hiver, car rien n'est plus préjudiciable au sol d'une exploitation que de faire paître les moutons dessus. Nourrir sur les rares herbes de l'exploitation les bêtes ovines, c'est nuire non-seulement à tous les produits de la terre par les jachères que l'on est obligé de laisser à cet effet, et par les dommages qu'occasionnent les bestiaux, mais encore c'est nuire au produit du troupeau ; car, d'un côté, la dent meurtrière du mouton porte des atteintes graves à la prospérité de toutes les plantes, de tous les produits annuels, lorsque toutefois elle ne les détruit pas ; d'un autre côté, le troupeau, ne trouvant pour toute nourriture, sur le sol de l'exploitation que de chétives herbes répandues çà et là sur les jachères, ne donne que de chétifs et mauvais produits, tandis que si, à la place de ces jachères, on avait cultivé des prairies artificielles, elles auraient donné d'abondants produits en fourrage, qui auraient nourri et engraissé amplement à l'étable un nombreux troupeau, pendant l'hiver, troupeau que l'on aurait vendu très-avantageusement à la fin de la saison froide.

11° Méthode pour nourrir et engraisser les moutons à l'étable. — Voici comment on doit nourrir et engraisser un troupeau à l'étable : on donne à chaque mouton ou brebis par jour, divisés en trois repas, le matin, à midi et le soir, 500 grammes de foin ou fourrage quelconque, et 250 grammes de paille mélangée au foin, le tout ayant préalablement trempé 24 heures dans l'eau froide. La ration est servie nageant presque dans l'eau dans laquelle a trempé le fourrage, attendu que cette eau, après huit à dix jours d'infusion, devient presque aussi nutritive que le fourrage lui-même, bien que l'on remplace chaque fois par de l'eau nouvelle et fraîche celle que l'on donne à chaque repas. Lorsqu'on ne donne que de bon fourrage et qu'on retranche entièrement la paille, qui devrait toujours l'être, on donne 700 grammes de bon fourrage macéré, qui suffisent pour nourrir bien amplement un mouton. Mais lorsqu'on veut engraisser le troupeau, il faut remplacer les 250 grammes de paille par la même quantité de bon fourrage ; on joint à cette ration, toujours macérée comme ci-dessus, 60 grammes de son et 200 grammes de betteraves ou de carottes, que l'on donne d'abord crues et ensuite cuites, mais toujours servies froides et mélangées avec le son, et 25 grammes de sel répartis sur toute la nourriture de la journée.

Pour terminer l'engrais, on remplace les 60 grammes de son par 50 grammes de farine de seigle, de maïs ou de sarrasin. Cette dernière farine doit être passée, parce que les moutons ne peuvent digérer le son de cette céréale. A la fin de l'engrais, les betteraves, les carottes sont remplacées par des pommes de terre cuites, données froides au troupeau, mélangées à la farine; cette buvée épaisse est mélangée d'une pincée de plâtre fin. Avant le repas de midi, chaque mouton reçoit une ration de 25 grammes de sel chaque jour. Avec ce régime d'entretien et d'engrais peu coûteux, un troupeau sera toujours bien portant, bien entretenu, et après l'hiver les moutons seront d'une belle et bonne graisse.

12° De l'engrais au pâturage. — L'engrais au pâturage vert ne doit être entrepris que dans les contrées qui produisent de gras pâturages; ceux des bords de la mer, à cause des exhalaisons salées dont ils se chargent à tout instant, sont extrêmement convenables à l'engrais des bêtes à laine. Certaines contrées montagneuses fournissent également des herbages très-propres à l'engrais des moutons; mais partout où les herbages sont chétifs et peu nutritifs, mieux vaut engraisser à l'étable que dans les pâturages extérieurs.

L'engrais au pâturage présente d'ailleurs de si grands inconvénients que l'on devrait n'en faire usage que dans les cas forcés : il est d'abord fort coûteux par la grande quantité de fourrage que les bêtes gâtent, le foulant sous leurs pieds toutes les fois qu'elles ont de la nourriture à satiété; d'ailleurs, l'herbe fraîche que paissent les animaux dans les herbages leur occasionne souvent la diarrhée. La luzerne, le trèfle, qui seraient les plantes les plus propres à l'engrais des moutons, leur occasionnent des maladies dangereuses, le météorisme ou l'enflure, qui peut en quelques minutes leur donner la mort lorsque le remède n'est pas appliqué à temps.

13° Avantages de la stabulation permanente. — Un grand inconvénient du pacage, dont on ne tient pas assez compte, c'est la perte des engrais; car, bien que les urines et les matières fécales restent sur le champ où paissent les moutons, elles y sont tellement divisées, que leurs bons résultats sont loin de compenser les inconvénients qui résultent du piétinement et de la dent meurtrière des animaux qui paissent dans la prairie; inconvénients que l'on évite tout en obtenant des résultats plus avantageux, en entretenant et engraissant les bêtes à l'étable. Il ne serait cependant pas prudent de laisser toujours ces animaux renfermés; ainsi que les bœufs, ils ont besoin de respirer de temps en temps le grand air, celui de l'atmosphère; aussi toute bergerie, toute étable ou écurie, ne présente-t-elle tous les avantages désirables que lorsqu'elles sont attenantes d'une cour où l'on peut, soir et matin, mettre le troupeau en liberté pour qu'il puisse faire un peu d'exercice et respirer un air plus pur que celui de l'étable.

14° Choix des reproducteurs. — Le maintien et l'amélioration des races dans les bêtes ovines étant la chose la plus importante dans l'intérêt de l'éleveur, il doit apporter un soin tout particulier au choix des mâles et des femelles destinés à la reproduction de l'espèce; le mâle communiquant aux produits les belles formes et les qualités de la laine, le choix des béliers doit particulièrement fixer son attention. Le bélier, pour ne laisser rien à désirer, doit, outre les belles formes, être couvert d'une belle laine fortement attachée au corps, jouir d'une parfaite santé, être d'une taille moyenne dans son espèce ou race, être fort, alerte, porter la tête haute, avoir le poitrail large, l'œil vif et bien sain, la tête bien faite, le

6.

corps bien pris dans toute son étendue, n'être pas plus élevé sur jambes que ne le comporte sa taille, avoir de forts testicules, en un mot, se rapprocher autant que possible, par ses formes et qualités, du type de perfection de sa race ou de celle que l'on veut obtenir par l'amélioration du troupeau; mais ce qu'il faut bien se garder de faire, c'est d'aller chercher les sujets de la première catégorie pour croiser avec ceux de la seconde, et réciproquement. Les croisements ne doivent jamais sortir des espèces qui composent chaque catégorie.

Tout bélier servant à la monte doit avoir au moins trois ans d'âge, et jamais plus de six. Les femelles des races ovines, communiquant les grosses formes et les chairs aux produits, doivent être d'une plus haute et plus forte taille que le bélier; elles doivent avoir l'abdomen large, bien développé dans toute son étendue, ainsi que le bassin génital; avoir d'ailleurs les qualités de santé, de force et de beauté, au même titre que le bélier, seulement, la brebis peut porter dès qu'elle a atteint dix-huit à vingt mois; mais, comme le mâle, elle doit cesser les fonctions de la régénération de l'espèce dès qu'elle est arrivée à l'âge de six ans. Les animaux nés de père et mère trop vieux sont faibles, de formes chétives et très-sujets aux maladies.

15° Amélioration des races. — Lorsqu'on veut améliorer un troupeau par les sujets mêmes de ce troupeau, il faut faire choix des béliers et des brebis les plus distingués parmi ceux des produits nouveaux que l'on possède. Le mieux sera d'abord peu sensible; mais après quelques années d'une semblable reproduction, lorsque le troupeau se sera renouvelé plusieurs fois, on sera à même de remarquer une grande amélioration dans les formes, dans les chairs et la laine, pourvu toutefois que les épreuves successives aient été dirigées avec discernement. Cette manière d'améliorer un troupeau, quoiqu'un peu lente, est souvent la plus sûre, la moins coûteuse et la plus avantageuse.

Lorsqu'on veut améliorer plus promptement l'espèce, créer de nouvelles races, il faut se procurer de beaux béliers pur-sang étranger, que l'on croisera avec ce que l'on a de mieux en fait de brebis dans le troupeau, sans toutefois jamais sortir de la catégorie.

Enfin, lorsqu'on voudra régénérer entièrement le troupeau, créer une race pur-sang, il faudra acquérir ce que l'on trouvera de plus beau à l'étranger en fait de mâles et de femelles d'un même pur-sang pour les faire produire. On continuera la propagation de la race en choisissant toujours ce que l'on trouvera de supérieur dans les produits nouveaux pour les destiner toujours à une reproduction nouvelle ; on continuera ainsi successivement ces épreuves jusqu'à ce que l'on soit arrivé à créer une race nationale qui ne laisse rien à désirer.

Ces trois manières de procéder à l'amélioration des races présentent des avantages et des inconvénients; celle qui présente peut-être le plus d'avantage est l'amélioration du troupeau par les races indigènes et surtout si on a soin d'attendre plusieurs générations avant d'asseoir définitivement son jugement. Ce moyen est lent, mais il est sûr et présente bien moins de déceptions que les deux autres.

16° Soins à donner pendant la gestation et la parturition. — Pendant le temps de la gestation, c'est-à-dire pendant que les brebis portent leur fruit, elles doivent être tenues dans des étables propres, bien aérées, être soumises à un exercice modéré. La surveillance doit être grande lorsque l'époque de la mise bas approche; cette surveillance est nécessaire pour leur donner les soins qu'exige leur état en pareil cas. Immédiatement après l'agnelage, les femelles redoutent le grand jour ; il faut alors boucher toutes les ouvertures par où il doit entrer dans l'étable.

Lorsque les petits sont trop faibles pour teter debout, ou que la mère se refuse à laisser prendre la mamelle, il faudra les aider, et lorsqu'ils ne voudront pas teter du tout, on devra traire la mère et leur faire boire le lait tout chaud au sortir du pis.

17° Choix à faire pour la procréation.—Après l'hiver, lorsque les agneaux seront déjà d'une certaine force, il faut choisir ce qu'il y aura de mieux parmi les mâles et les femelles, pour la procréation de l'espèce, pour donner de belle laine ou beaucoup de viande ; le surplus sera envoyé à la boucherie avant que le temps de la monte soit arrivé. Ce choix est chaque année nécessaire, pour que la race du troupeau ne dégénère pas.

DE L'AGE DES MOUTONS PAR LES DENTS.

18° Observations générales. — L'agneau naît presque toujours sans incisives ; mais il a toutes ses dents caduques ou de lait 25 jours après sa naissance.

Au bout de deux ou trois mois, les dents arrivent au rond.

Jusqu'à l'âge de six mois, les dents caduques sont fraîches ; passé cet âge les incisives tendent à devenir chicots, elles vacillent dans les alvéoles à mesure que l'animal avance en âge.

De quinze à dix-huit mois, les pinces caduques sont remplacées par les pinces d'adultes.

De vingt à vingt-sept mois, les premières mitoyennes de remplacement sortent.

A trois ans et demi, sortie de secondes mitoyennes de remplacement.

De quatre ans à quatre ans et demi, éruption des coins

d'adultes. C'est à l'âge de cinq à six ans que les incisives d'adultes arrivent au rond.

Le rasement arrive d'abord par les pinces, ensuite les premières mitoyennes, successivement les secondes mitoyennes et les coins.

L'âge de six ans se distingue par le rasement des pinces.

Celui de sept, par le rasement des premières mitoyennes ; de huit, par le rasement des secondes mitoyennes ; enfin, la neuvième année, par le rasement des coins.

Quoique ces indices puissent généralement servir pour connaître l'âge des moutons, ils ne laissent cependant pas que de présenter quelques irrégularités qu'une longue pratique pourra faire disparaître.

DU PORC.

1° Ses avantages. — Le porc est sans contredit l'animal domestique le plus généralement répandu, et celui qui rend le plus de services à l'humanité par les parties alimentaires qu'il fournit. La viande du porc, la graisse, en un mot, tout ce qui constitue le cochon, sert à la nourriture ou à l'assaisonnement de la nourriture de l'homme. Cette viande est celle du pauvre, elle est également bien venue sur la table du riche.

Il est peu de ménages où l'on ne rencontre un porc destiné à la nourriture pendant l'année. Le porc n'est pas l'hôte des palais, mais on le rencontre dans toutes les chaumières et dans toutes les exploitations. Cet animal a la réputation d'être le plus sale et le plus dégoûtant des animaux ; il est cependant le plus propre de tous, et le seul qui ne souille jamais sa couche de ses urines et de ses excréments, le seul qui exige que sa mangeoire ou son auge soit toujours tenue dans le plus grand état de propreté ; comme tous les animaux, il demande une nourriture abondante, bonne et saine, un logement salubre, et les soins d'hygiène que réclame sa constitution lymphatique.

2° Causes des maladies des porcs. — Le porc est sujet à bien des maladies ; encore, des épizooties viennent-elles de temps en temps tromper les espérances de l'éleveur. Ces maladies, ces épizooties, ont presque toutes pour cause le manque d'hygiène, soins entièrement ignorés des praticiens routiniers ; ils ne peuvent concevoir comment un logement insalubre, une nourriture malsaine, le manque de propreté, peuvent être nuisibles à la santé du porc, dont toutes les allures sont si dégoûtantes.

Les loges dans lesquelles ils placent les porcs sont infectes, malsaines, parce qu'elles sont mal construites, mal aérées et mal tenues. Le cochon, y respirant constamment un mauvais air, y contracte des maladies de tout genre. Le porc manquant de nourriture mange tout ce qu'il trouve, même les choses les plus immondes, non par goût, mais par nécessité. Ce régime hors de nature non-seulement n'est pas dans ses goûts, mais détruit la plupart de ses facultées au point de le dégrader. Cette dégradation de l'espèce, commandée par une absolue nécessité, n'est, au reste, pas plus particulière aux porcs qu'aux autres animaux, puisqu'elle peut même arriver jusqu'à l'homme.

L'abrutissement des facultés n'est heureusement que passager ; il est facile d'y porter remède, en soumettant les animaux à un régime plus convenable. Dès que le porc recevra une quantité suffisante de bonne nourriture, on ne le verra plus se jeter avec voracité sur toutes les immondices qu'il rencontrera sur son passage ; quand dans la cour de la porcherie il trouvera un bassin d'eau propre pour se baigner, il ne se vautrera pas de préférence dans un cloaque. Alors il ne sera plus sujet à tant de maladies et d'épizooties.

3° Loges salubres. — Le premier besoin de tous les êtres étant de respirer à l'aise dans une atmosphère pure, et d'être logés commodément, nous devons nous occuper avant tout de la construction de loges salubres. Toute loge bien construite doit avoir le sol élevé, comme toutes les écuries possibles, à 30 ou 35 centimètres au-dessus de la surface de la terre. Les quatre faces qui forment la loge doivent avoir de petites ouvertures pratiquées près du sol, afin de donner passage aux urines et aux gaz méphitiques plus lourds que l'air amosphérique, de fournir en même temps entrée à l'air extérieur, devant remplacer l'air vicié; des ouvertures seront également ménagées sous la toiture, pour laisser passage à l'air dilaté et aux gaz plus légers que l'air atmosphérique. La loge doit avoir en outre de petites fenêtres pour aérer et éclairer au besoin; à peu de distance du toit on placera un faux plafond, fait avec des lambourdes ou pièces de bois, espacées à 25 ou 30 centimètres. Ce plafond sera garni de soupapes, pendant l'hiver on le couvrira de paille pour garantir les porcs du froid. Le pavé de la loge, plus élevé vers le centre, présentera deux légères pentes se dirigeant vers les ouvertures qui sont au niveau du sol; les mangeoires ou auges seront placées sur l'une des faces et construites de manière à ce que l'on ne soit pas obligé d'entrer dans la loge pour les nettoyer et pour fournir les repas aux porcs.

4° Bonne tenue des loges. — Dans une loge bien tenue, les litières doivent être renouvelées tous les jours, les urines et les fumiers soigneusement éloignés de la loge; il faut bien se garder surtout de les laisser dans la cour de la porcherie, dans laquelle on lâchera plusieurs fois par jour les porcs, car les urines et les eaux pluviales y formeraient des cloaques infects, dans lesquels se vautreraient les porcs, par le besoin qu'ont ces animaux de se baigner pendant la chaleur; l'eau sale, infectée du cloaque leur fait autant de mal que l'eau propre leur ferait de bien. En conséquence, la cour porchère qui serait pourvue d'un bassin dans lequel on pourrait à volonté renouveler l'eau, serait une cour par excellence; mais comme il est à peu près impossible, dans presque toutes les localités, de se procurer cet avantage, il faut, pour y suppléer, déposer de l'eau dans des vases exposés au soleil, pour qu'elle s'échauffe. Cette eau sera jetée sur les porcs au moment de la grande chaleur pendant l'été. Ces bains sont nécessaires pour les maintenir en bonne santé, parce que eux seuls peuvent tempérer efficacement la constitution lymphatique du porc, toujours disposé à la graisse.

5° De la nourriture des porcs. — La nourriture des porcs doit être saine, préparée et servie avec la plus grande propreté; elle doit être proportionnée aux besoins de l'animal.

Lorsque les jeunes pourceaux sont nombreux à la mamelle, il arrive souvent que la mère ne leur fournit pas assez de lait pour les nourrir; alors il faut suppléer ce manque de nourriture par du lait de vache, du caillé ou de la bouillie légère.

La nourriture ordinaire des porcs se compose de pommes de terre, de betteraves, carottes, et de tous les grains et farineux possibles. Le cochon mange encore volontier le trèfle vert, et presque toutes les herbes potagères, les courges, les raves, turneps et radis de toute espèce. Jusqu'au moment de la mise à l'engrais, le porc mange les aliments crus; on ne les fait cuire qu'à la fin de l'engrais. La nourriture donnée aux porcs pendant l'été doit être rafraîchissante sans être débilitante.

6° Qualités des porcs mâles et femelles. — Les premières qualités du porc sont la forte taille et la grande facilité à prendre l'engraissement. C'est donc sur ces deux points importants que l'éleveur doit fixer son attention, soit que le porc soit destiné à la propagation ou à être engraissé.

La dénomination de porc ou cochon s'applique ordinairement au mâle qui a subi l'opération de la castration. Ceux destinés à régénérer l'espèce se nomment : le mâle, verrat, la femelle truie.

De tous les animaux domestiques, le porc est le plus fécond ; il est des femelles qui font de dix à douze petits d'une seule portée.

Depuis le sanglier, d'où sont probablement sortis les espèces de porcs, jusqu'au cochon du Cap, toutes ne sont que des variétés différant légèrement entre elles par certaines formes et la grosseur du corps.

Quoiqu'il soit très-avantageux d'élever des porcs de grande taille, cela n'est cependant pas toujours possible ; il arrive souvent que le climat et la nourriture s'opposent à cet avantage physique ; mais quelle que soit d'ailleurs la taille des porcs appartenant au sol qu'ils habitent, on doit toujours rechercher partout ceux qui s'engraissent avec le plus de facilité, et qui s'accommodent de toute espèce de nourriture. Les cochons du Cap sont peut être ceux qui possèdent ces qualités au plus haut degré ; aussi bien que d'une petite taille, ils doivent être considérés comme une espèce précieuse ; leur croisement avec les races indigènes présente de grands avantages.

7° Des reproductions. — Les mâles et les femelles destinés à la reproduction doivent avoir les formes suivantes : la poitrine large, les muscles bien prononcés, une peau fine et souple, ainsi que les soies, la tête plutôt petite que grosse, le corps allongé et bien pris, le train de derrière bien développé et bien fourni en chair, les jambes bien placées et bien proportionnées au corps, les oreilles larges et pendantes. Les produits qui naîtront de sujets ainsi constitués s'engraissent avec facilité ; mais ceux chez qui le système osseux dominera s'engraisseront toujours difficilement. Chez les porcs comme chez tous les animaux, le verrat doit être d'une grosseur moyenne, et la femelle de la plus grande taille possible dans son espèce. Les croisements bien combinés sont souvent très-avantageux.

8° Des porcs ladres. — Lorsqu'on voudra se procurer des porcs pour engraisser, il faudra faire choix de ceux dont le système osseux est peu apparent et qui sont bien fournis en chair, ayant d'ailleurs les qualités physiques que nous venons d'indiquer ; il faudra toujours avoir soin d'examiner s'ils ne sont pas ladres ; un cochon est ladre, lorsque dans le tissu cellulaire de ses chairs se développent des vésicules, qui se manifestent sous forme de granulations blanches ovoïdes. On trouve ces globules dans tous les viscères, dans la graisse, dans le lard, dans les intervalles des muscles, enfin dans presque toutes les parties du corps de l'animal. La chair du cochon ladre n'est pas précisément malsaine, mais elle est dégoûtante, fade et sans consistance. La viande et la graisse du cochon ladre font en général peu de profit dans le ménage. Les causes de cette maladie sont la mauvaise forme des loges, la nourriture de mauvaise qualité ou donnée trop chaude, ainsi que le manque de soins de toute nature.

9° Dispositions précoces à la reproduction. — A peine les porcelets sont-ils séparés de leur mère qu'ils peuvent engendrer ; mais il ne faut pas trop leur permettre de jouir de ces dispositions précoces avant qu'ils aient acquis les forces nécessaires, c'est-à-dire huit à dix mois, qui est également celui que doit avoir la truie avant de la présenter au verrat. Les accouplements de trop jeunes sujets useraient inutilement les forces de ces animaux, et feraient dégénérer les races. Il ne faudrait pas cependant tomber dans l'excès contraire : les mâles de deux ans, et les femelles de trois ans, ne sont déjà plus traitables, à cause de la férocité de leurs mœurs à cet âge ; d'ailleurs à cet âge et plus tard on ne pourrait en tirer qu'un mauvais parti pour la graisse.

10° Nourriture du verrat. — A l'époque de l'accouplement, le verrat doit recevoir une nourriture légèrement échauffante, sans être trop abondante, parce qu'il ne s'agit pas ici de l'engraisser, mais d'entretenir chez lui une force vigoureuse. L'avoine et tous les grains possibles sont très-propres à servir de nourriture au verrat dans le moment de la monte.

11° Temps de la gestation. — La truie porte près de quatre mois, 110 à 120 jours. Les jeunes femelles mettent plutôt bas que les vieilles. Les truies peuvent porter deux fois par an ; mais il faut toujours s'arranger de manière à ce que les petits ne viennent pas pendant les grands froids de l'hiver, car dans la saison rigoureuse il serait très-difficile de les élever, pour ne pas dire impossible.

12° De la mise bas. — Les truies pleines doivent être séparées des autres porcs, dans la crainte que le mouvement déréglé de leurs jeux ne les fasse avorter. Elles doivent recevoir une bonne nourriture sans être trop abondante, attendu que trop de graisse chez elles pourrait nuire au part ou mise bas. Il faut les tenir dans le plus grand état de propreté, tant dans la loge que dans la litière à leur fournir, ainsi que l'auge dans laquelle on leur sert à manger ; dès que l'on s'aperçoit que les mamelles se remplissent de lait il faut redoubler de soins et d'attention auprès de la truie, parce que le temps de la mise bas est proche. Au premier cri de douleur il faut se trouver près de la mère pour l'aider et surtout pour protéger ses petits, qu'elle pourrait écraser ou dévorer, ce qui arrive quelquefois. Aussitôt après la délivrance entière, il faut lui faire prendre une boisson fortifiante, faite avec de la farine cuite et du lait un peu tiède; dès qu'elle a laissé prendre le teton à ses petits, il n'y a plus à redouter d'elle qu'elle devienne mauvaise mère. Le local dans lequel sont logés la truie et ses petits doit souvent recevoir de la litière, être souvent nettoyé avec soin, être tenu constamment dans un grand état de propreté et de douce température.

13° Soins à donner aux porcelets. — Chaque porcelet a sa mamelle, dont il ne change point pendant tout le temps de l'allaitement. Le nombre des mamelles étant de dix, on ne doit pas laisser plus de nourrissons à la mère. Quinze jours après la naissance on peut commencer à leur faire boire un peu de lait tiède, mélangé à un peu de farine; quand on n'a pas de lait, on peut le remplacer par de l'eau en faisant cuire la farine. On augmentera cette nourriture chaque jour jusqu'à ce que les petits se passent du lait de la mère. C'est ordinairement au bout de quarante ou cinquante jours que doit avoir lieu le sevrage. Les jeunes cochons séparés de la mère seront placés dans une loge spacieuse, bien aérée, sans être froide, et qui sera tenue dans le plus grand état de propreté. La loge doit être attenante à une petite cour, où les jeunes pourceaux pourront se promener et se baigner dans de l'eau propre en été; il faut éviter qu'ils se baignent dans l'eau sale des cloaques, ce qui leur occasionne plus tard des maladies dangereuses. Les jeunes porcs doivent recevoir dans des auges toujours très-propres de la nourriture au moins quatre fois par jour. Cette nourriture se composera de carottes, de betteraves, de pommes de terre, de courges coupées, crues et mélangées à du son; le caillé, le petit lait conviennent aux porcelets. La nourriture cuite les prédispose à une infinité de maladies, surtout lorsqu'elle leur est servie chaude. Des pourceaux trop nourris sont sujets à la teigne. A la vérité, cette maladie présente peu de gravité : on la guérit facilement en diminuant la quantité de nourriture, et en y mêlant une pincée d'antimoine à chaque repas, ou de sel de cuisine.

Le cochon a la dent très-meurtrière : rien n'est plus préjudiciable aux produits de la ferme, et surtout à ceux des prairies artificielles que de les laisser paître librement. Cependant, dans une ferme bien dirigée, on doit ménager une parcelle de terre ensemencée en trèfle de Hollande destiné au pacage des porcs. Cette nourriture convient pendant l'été aux porcs de tous les âges.

MALADIES DES ANIMAUX DOMESTIQUES.

DES CHEVAUX ET DES BŒUFS.

1° Observations générales. — Après les observations qui ont été faites sur la conduite à tenir, pour procéder à la bonne éducation et au bon entretien des animaux domestiques devant peupler une exploitation rurale; après avoir indiqué les soins d'hygiène que réclame leur santé, on va dire quelques mots sur la manière de guérir certaines maladies; non que l'on prétetende ici faire un cours de médecine vétérinaire : on donnera seulement les moyens de guérir les maladies légères, et de porter les premiers secours à certaines maladies dont les effets sont tellement prompts, que souvent l'animal malade mourrait avant d'avoir reçu les secours du vétérinaire.

On indiquera donc ici les soins à donner aux maladies

légères que tout praticien un peu intelligent peut traiter avec succès ; on indiquera également les remèdes à administrer dans les cas de maladie violente dont les progrès sont extrêmement rapides.

On ne saurait trop recommander d'être avare de remèdes : le plus souvent c'est la nature seule qui guérit, malgré les remèdes ; aussi des soins bien entendus, et un bon régime sont-ils préférables à toute la science vétérinaire.

La première précaution à prendre lorsqu'un animal est malade, c'est de le mettre à la diète et lui donner à boire de l'eau dans laquelle on aura fait infuser du son. On verse sur le son de l'eau bouillante et un quart d'heure après on exprime le son et on donne à boire le liquide seul qu'on doit laisser tiédir.

Presque toutes les maladies des animaux étant inflammatoires, dans beaucoup de cas la saignée est nécessaire. Aussi une ferme doit-elle avoir les instruments nécessaires aux opérations qu'elles nécessitent, et les drogues qu'on emploie dans ces cas-là : ainsi il faut avoir : une flamme à saigner munie de trois lames de différentes grandeurs, un bistouri, un trocart, une seringue, une paire de ciseaux courbes, une aiguille à séton, du sel de Glauber, du sel de nitre, de l'alcali volatil, de la gentiane ; avec cela on peut traiter les maladies les plus simples.

2° **De la Saignée.** — On pratique la saignée de la manière suivante : un aide se place devant la bête, lui tenant la tête un peu haute, légèrement inclinée vers le côté droit, et lui couvrant d'une main l'œil gauche. L'opérateur, placé sur le côté gauche de l'animal, lui passe autour du cou, tout près des épaules, une corde de la grosseur du petit doigt, et la serre suffisamment pour que la veine devienne bien apparente. Si le poil est long, on le mouille un peu sur l'endroit où l'on veut faire l'ouverture, afin de mieux distinguer la veine. Tenant alors la flamme de la main gauche, et dans une direction parallèle à la longueur de la veine, on l'applique sur le milieu, de manière que la pointe de la flamme soit à peu près à un millimètre de la peau, puis on frappe sur le dos de la flamme un coup sec, avec un bâton long de trois décimètres, et de trois à quatre centimètres de diamètre. Le coup doit être assez fort pour que la peau et la veine soient percées en même temps. Le sang jaillit, on le recueille dans un vase, afin de pouvoir apprécier la quantité tirée, et quand on juge que cette quantité est suffisante, on détache la corde. Ordinairement il n'est pas nécessaire de pratiquer une ligature. Cependant, si la bête était très-agitée, èt que le sang continuât de couler, on l'arrête en perçant transversalement les lèvres de la plaie avec une épingle, autour de laquelle on passe deux ou trois fois quelques crins arrachés à la queue de la bête, et qu'on fixe par un nœud simple.

De petites saignées sont sans effet ; elles doivent toujours être copieuses, et l'ouverture de la veine doit être assez grande pour que le sang en sorte d'un jet vigoureux.

A une vache adulte, de moyenne taille, on tire de deux à trois kil. de sang, suivant l'état d'embonpoint de la bête, la nature et la période de la maladie. A un bœuf, on peut tirer trois, quatre, cinq et six kil. de sang à la fois.

Un litre de sang pèse à peu près un kilogramme.

Tant qu'on ne sent pas le battement du cœur, que les pulsations des artères sont dures, accélérées, pas très-distinctes, et que la respiration est courte, il y a indication d'une nouvelle saignée.

On sera sûr que la saignée était convenable si le sang tiré de la veine se coagule promptement en une masse uniforme, dense, de laquelle il ne se sépare point de sérum (partie aqueuse), et que, sur la surface, il se présente une écume abondante, d'une couleur très-rouge. Quand, au contraire, sur la surface du sang, il se forme une membrane épaisse, jaunâtre, lardacée, et qu'on ne remarque point d'écume rougeâtre sur sa surface, c'est signe que la saignée n'était pas indiquée, et qu'elle a été nuisible.

Quand, dans une maladie inflammatoire, le sang tiré est tout noir, épais, et qu'il rougit à la surface, étant exposé à l'air, il y a encore espoir d'apaiser l'inflammation et de sauver la bête malade; mais dès qu'il se montre sur le sang une membrane d'un blanc bleuâtre, toute espérance de guérison est perdue.

On reconnaît que la saignée a été assez abondante lorsque les battements de cœur sont devenus plus distincts, que l'artère est moins dure et moins tendue, et que l'animal, qui avait auparavant la tête baissée, commence à la tenir haute, indiquant par son attitude le soulagement qu'il éprouve.

Dans l'espèce bovine on saigne ordinairement à la jugulaire, et à la veine sous-cutanée abdominale.

3° Accidents qui surviennent pendant et après la saignée. — Une opération aussi simple que la saignée peut être, cependant, suivie d'accidents fort graves : ainsi la blessure de l'artère carotide peut devenir mortelle. On reconnaît cet accident lorsque le sang qui s'échappe, au lieu d'être d'un rouge foncé, et de couler à jet continu, est d'un rouge éclatant, et s'échappe avec force et en jets saccadés. Si la veine et l'artère ont été ouverts en même temps on remarque du sang noir et du sang rouge dans le même jet.

Cet accident fort grave est très-souvent mortel : on n'a pas autre chose à faire qu'à boucher la plaie avec une épingle et des crins, appliquer au-dessus une grande quantité d'étoupes, et de linge qu'on tient continuellement mouillée avec de l'eau froide, et envoyer chercher un vétérinaire pour faire la ligature de l'artère.

Il faut avoir grand soin de ne pas laisser introduire d'air dans la veine après que le sang a cessé de couler; on a vu des animaux tomber roides aussitôt que l'opérateur cessait de comprimer la jugulaire : il faut dans ce cas pratiquer tout de suite une abondante saignée à la jugulaire opposée.

Il se produit souvent une tumeur pendant ou peu de temps après la saignée, autour de l'incision faite par la flamme, et qui résulte de l'infiltration, sous la peau, du sang sorti du vaisseau ouvert. Cet accident est très-fréquent, mais il n'est dangereux que pour le cheval, et encore à la jugulaire. Le trombus cède ordinairement à l'application de linges imbibés d'eau fraîche; mais s'il persistait encore quelques jours après, il y aurait à redouter la formation d'un abcès ou l'altération de la veine; il faudrait alors appeler un vétérinaire.

4° Des sétons. — On distingue trois sortes de sétons : 1° le séton à mèche ; 2° la rouelle ; 3° le trochique. Le premier est le plus usité ; il consiste en un ruban de fil ou tresse de chanvre enduit d'onguent vésicatoire, qu'on engage sous la peau. C'est ordinairement au poitrail qu'on le passe sur les bêtes à cornes. On passe la mèche ou ruban dans le trou de l'aiguille, on fait former à la peau du poitrail un large pli transversal, et on traverse la base de ce pli d'un seul coup avec l'aiguille ; on lâche alors le pli qui s'efface, et les deux ouvertures faites à la peau qui formaient la base du pli, se trouvent à une distance d'autant plus grande l'une de l'autre que le pli est plus large.

Le séton à rouelle, ou cautère, consiste dans l'introduction sous la peau, d'une rondelle de cuir ou de feutre percée à son centre d'une ouverture assez grande et de 6 à 8 centimètres dans son plus grand diamètre. On préfère la rouelle à la mèche pour les chevaux. On la place un peu avant le passage des sangles, à la pointe de l'épaule et au niveau de l'articulation des cuisses ; on fait à la peau une incision de 4 centimètres., on la détache de la chair de façon à loger la rouelle, et on la traite de la même manière que le séton à mèche.

Le trochique est un séton de substance végétale ou minérale doué de propriétés irritantes, telles que la clématite, le garou, le lauréole, l'éllébore noir, etc, le sulfure ou le deutoxyde d'arsenic, le sublimé corrosif, etc. Ces substances sont préparées de manière à présenter le moins de volume possible. Les végétaux sont taillés comme des allumettes de 6 à 8 centimètres de long, réunis en faisceau et introduits sous la peau comme la rouelle ; les substances minérales sont enfermées dans un petit nouet de linge clair que l'on retire aussitôt qu'il devient inutile. On préfère cette espèce de séton pour les bœufs qui, ayant le tissu cellulaire moins irritable, ont besoin d'une substance qui produise un effet plus prompt et plus considérable.

5° De la ponction du rumen. — C'est vers le milieu de la partie supérieure du flanc gauche qu'il est plus convenable de faire la ponction, à égale distance à peu près de l'angle de la hanche, de la dernière côte et des apophyses transversales des vertèbres lombaires. Comme la peau, dans les gros ruminants, par son épaisseur, sa dureté et son élasticité, est difficile à percer avec la pointe du trocart, on fait bien de l'inciser d'abord avec un bistouri, canif ou rasoir, sur l'endroit correspondant à celui où l'on doit ponctionner. Alors l'opérateur se place en avant du flanc, tenant de la main gauche, et à pleine main, la canule du trocart, dans laquelle se trouve le poinçoin dont la pointe a été remontée de manière à affleurer seulement l'extrémité de la canule. Cette extrémité étant appuyée sur le fond de l'incision déjà faite, l'instrument dirigé presque perpendiculairement à sa surface, on frappe fortement avec la paume de la main droite sur le manche du poinçon qu'on fait pénétrer ainsi d'un seul coup dans l'intérieur de la panse, où il s'enfonce avec sa canule. On retire aussitôt le poinçon en laissant sa gaîne dans l'ouverture, et les gaz s'échappent aussitôt. On voit alors le flanc se détendre, le ventre s'affaisser, et l'animal éprouver un soulagement instantané. Si le gaz cesse tout à coup de sortir par le tube, il faut avoir soin d'introduire dans la canule une petite baguette flexible, pour repousser dans le rumen les matières qui l'ont obstrué.

6° Du pouls. — On peut tâter le pouls à l'artère maxillaire, en portant le doigt sur le contour qu'elle fait au bord inférieur de l'os maxillaire pour se ramifier sur le chanfrein, ou bien aux artères coccygiennes dont le battement se fait sentir à la face inférieure de la queue, ou bien encore à la veine temporale, qui rampe de bas en haut, en avant de la base de l'oreille.

Des observations faites sur différentes bêtes à cornes en parfaite santé ont donné pour résultat les nombres de pulsations suivants à l'artère maxillaire : une génisse de 18 mois, 55 pulsations par minute; un taureau de 15 mois, de 43 à 45; un bœuf de 4 ans, de 42 à 44; une vache de 4 ans, de 40 à 42; une vache de 9 ans, de 35 à 36.

Le pouls subit des variations infinies, tant en santé qu'en maladie; en général, il est d'autant plus fréquent que l'animal est plus jeune, plus petit, plus irritable, qu'il est placé dans une température plus élevée, qu'il a fait plus d'exercice; le pouls des vaches est aussi plus accéléré pendant le temps de la gestation.

7° De la fièvre. — L'état du pouls sert à reconnaître la fièvre, qui se manifeste en outre par une chaleur plus ou moins intense, précédée le plus souvent de frissons, et accompagnée de désordres dans l'économie animale.

Les fièvres sont continues ou intermittentes, bénignes ou malignes. La fièvre qu'il importe le plus de connaître et d'observer est la fièvre symptomatique, fièvre de réaction, qui accompagne beaucoup de maladies dont elle suit la marche.

Elle est un symptôme constatant des maladies inflammatoires aiguës. Dans beaucoup de cas, la fièvre suit régulièrement les maladies qu'elle accompagne, et, par cette raison, elle est un des symptômes que le médecin vétérinaire ne doit jamais négliger d'observer.

8° Colique venteuse. — Les causes de la colique venteuse ou tranchée sont la mauvaise digestion occasionnée par la fermentation trop prompte et la putréfaction des aliments, par le relâchement des fibres des intestins, qui n'ont pas assez de force pour lâcher les vents ; l'impression de la trop grande chaleur, du trop grand froid dans le temps de la digestion ; les exercices violents, la boisson trop froide, la mauvaise mastication des aliments : ce sont là autant de causes de coliques venteuses.

Les animaux atteints de cette maladie doivent être mis à la diète : on leur fera prendre de suite un verre d'eau-de-vie dans lequel on mettra deux ou trois cuillerées d'huile d'olive ; le breuvage sera donné légèrement tiède ; on tiendra l'animal chaudement ; on lui fera boire des infusions de plantes aromatiques, faites avec de la semence d'anis, de cumin, de la racine d'angélique, à la dose d'une bonne poignée, que l'on fera bouillir pendant un quart d'heure dans trois litres d'eau. Le breuvage sera donné en deux fois à l'animal, à une heure de distance ; on administrera en même temps des lavements émollients et des frictions sèches sur tout le corps, particulièrement sous le bas-ventre.

9° Coliques de vers. — Les animaux sont encore atteints de coliques que l'on nomme tranchées de vers. On reconnaît cette maladie par les vers que l'animal rend dans sa fiente; la maladie doit se combattre par les amers : la décoction de gentiane, de chicorée sauvage, de petite centaurée, d'absinthe, de fougères, de la suie même de cheminée dans de l'eau, sont des remèdes très-efficaces pour guérir cette maladie.

10° Coliques d'indigestion ou météorisme. — Les coliques d'indigestion, plus particulières aux ruminants qu'aux autres animaux, sont connues sous le nom de météorisme ou enflure. Cette maladie est ordinairement occasionnée par une trop grande quantité de nourriture verte, prise sur un champ de luzerne où de trèfle, plus particulièrement lorsque le repas est pris après la pluie ou une forte rosée. Les mêmes inconvénients ne sont pas à redouter sur les champs de sainfoin et les prairies arrosées; cependant, dans tous les cas, on doit s'abstenir de faire paître les animaux lorsque l'herbe est encore mouillée, soit par la pluie, soit par la rosée.

C'est ordinairement pendant le repas que se déclare la maladie: elle débute par le gonflement du ventre, plus particulièrement du flanc gauche ; l'enflure se développe à vue d'œil, l'animal est haletant, il respire difficilement, il ouvre la bouche et fait de vains efforts pour lâcher des vents, il est souffrant, il pousse des cris plaintifs, il chancelle et souvent meurt, lorsque le remède n'est pas promptement administré. Pour guérir cette maladie dont les effets sont aussi prompts que graves, il faut administrer promptement les médicaments capables d'absorber ou de neutraliser les gaz qui se sont formés dans le corps de l'animal.

Le remède le plus prompt et le plus énergique est sans contredit l'opération de la ponction telle qu'on l'a décrite plus haut. Mais à défaut des instruments, le breu-

vage qui présente les effets les plus heureux est sans
contredit l'alcali volatil administré à un bœuf à la dose
de 30 grammes ou 70 gouttes environ, dans une bouteille d'eau. L'éther employé de la même manière, à
dose un peu plus forte, est encore un excellent remède ;
une cuillerée d'eau de javelle dans une bouteille d'eau
de lessive de cendre est administrée avec beaucoup de
succès. Enfin, lorsqu'on ne trouve pas ces remèdes à sa
portée, on peut faire prendre à l'animal une demi-bouteille d'eau, dans laquelle on aura préalablement délayé
de la chaux vive ou éteinte, gros comme une noix ; on
aura soin de passer le breuvage, après l'avoir bien agité,
avant de le faire prendre. L'eau salée, l'eau de savon, la
lessive de cendre, peuvent agir faute de mieux. 50 à
60 grammes de sulfate de potasse ou de sulfate de soude,
dissous dans une demi-bouteille d'eau claire, sont encore des breuvages qui peuvent être administrés avec
succès.

11° Colique d'indigestion de fourrage sec. — Le
gonflement plus ou moins prononcé, et la constipation,
sont les symptômes ordinaires de ce mal. Le premier
moyen à employer est de vider le rectum ; pour cela on
y introduit le bras graissé d'huile jusqu'au coude, et on
extrait tous les excréments. On administre ensuite des
lavements émollients, et l'on purge avec 120 grammes de
sel de Glauber, 30 grammes de sel de nitre, dissous sépare-
ment dans l'eau et administrés dans une décoction de
graine de lin ou de son. Tant que le gonflement et la
constipation persistent, on doit maintenir la diète la
plus sévère, mais on doit toujours laisser boire à discrétion.

Dans le cas d'inflammation la saignée peut être utile ;
elle est indiquée par l'agitation, par la fréquence et
la dureté du pouls, par la respiration courte et accélérée.

12° Colique d'indigestion avec diarrhée. — Cette maladie provient de la débilitation de l'estomac, due à la présence de fourrage vert après un régime de nourriture sèche. Aussi faut-il administrer de la racine de gentiane pour donner du ton à l'estomac et stimuler l'appétit. On la donne aux bêtes à la dose de 30 à 60 grammes par jour, en deux fois, matin et soir, avant le repas, et pendant plusieurs jours de suite. On la délaye dans de l'eau et on la fait prendre en bouteille.

13° Suffocation par un corps arrêté dans le gosier. — Un corps arrêté dans le gosier occasionne un gonflement, la suffocation et la mort. Si le danger n'est pas pressant, il faut laisser agir la bête, qui souvent se débarasse toute seule; mais si elle n'y parvient pas il faut aider à la descente de ce corps au moyen d'une baguette flexible, garnie à son extrémité d'une petite boule en linge, que l'on graisse préalablement. Lorsque l'objet engagé est à la portée de la main, on ouvre la bouche de l'animal, on lui passe un morceau de fer entre les dents, et on glisse la main pour aller le chercher jusqu'au fond de la bouche.

14° Engorgement du fourreau. — Les bœufs sont sujets à la tuméfaction de la partie inférieure du fourreau, entretenue par une ulcération de l'orifice du canal de l'urètre. Ce mal dure quelquefois longtemps. Le traitement consiste à bien nettoyer le fourreau intérieurement et extérieurement, au moyen de lotions et injections émollientes, et en coupant le poil autour de l'orifice du canal, qu'on débarrasse autant que possible de la matière glutineuse. L'essentiel est de maintenir la propreté par un pansement journalier, et surtout d'empêcher que l'issue du canal ne soit fermée au passage de l'urine.

Si les fomentations émollientes ne suffisent pas, s'il y a beaucoup de sensibilité et de chaleur, on fait usage de lotion d'eau de saturne préparée avec trente grammes extrait de saturne, un demi-litre d'eau de fontaine.

15° Foulure des pieds. — Le premier moyen de la guérir est le repos absolu sur une bonne litière. Le traitement consiste dans des lotions résolutives : eau froide vinaigrée, application de cataplasmes de bouse de vache ou de terre glaise, ou de suie délayée dans du vinaigre, et continuer jusqu'à cessation de l'inflammation. S'il se forme des abcès, employer des cataplasmes émollients. On dessèche plus tard la plaie avec de l'essence de térébenthine ou de la teinture d'aloès.

16° Luxations. — La luxation la plus fréquente est celle de l'articulation de l'os de la cuisse avec la hanche; si elle est complète, on réussit rarement à la réduire; si elle est incomplète, immédiatement après qu'elle a eu lieu, on la traite par les fomentations d'eau froide, de vinaigre ou d'eau-de-vie, et plus tard par l'esprit de camphre, de savon et les bains aromatiques.

17° Crevasses aux paurons. — Dès qu'on a reconnu l'existence de la maladie, il faut bien nettoyer les pieds, particulièrement aux plis du paturon et entre les ongles, au moyen de fréquentes lotions d'eau tiède et d'eau de savon; couper le poil très-près et placer la bête sur une litière sèche, puis faire usage de bains émollients, décoction de mauve ou de son, dans laquelle on ajoute un peu d'extrait de saturne, et qu'on continuera jusqu'à ce qu'il se forme de petites croûtes sur les pustules. On achève de les dessécher complétement par des lotions d'eau de saturne, et au moyen d'une solution de vitriol de fer ou d'alun. Après avoir bien nettoyé ces plaies, on les couvre avec de la charpie enduite d'onguent digestif composé de térébenthine commune, trente grammes, battue et délayée dans un jaune d'œuf.

18° Mal entre les ongles. — Ce mal demande à peu près le même traitement que le précédent ; cependant quand il est accompagné d'une fièvre générale, il est bon de faire une saignée à la jugulaire et de donner quelques doses de sel de nitre et de Glauber, en mettant la bête à un régime rafraîchissant : eau blanche, herbes vertes, racines cuites, selon la saison. Quand, par suite d'ulcères profonds, des portions de cornes se sont détachées, il faut les extirper, puis panser avec la teinture d'aloès ou des étoupes sèches, selon la profondeur des ulcères.

19° Dartres. — L'eau de savon et les lotions émollientes sont les premiers moyens employés pour combattre les dartres. On doit ensuite laver les parties malades avec un mélange de quinze grammes d'acide muriatique sur deux cents à deux cent cinquante grammes d'eau ; on les graisse avec un onguent composé de fleur de soufre, quinze grammes ; vitriol blanc quinze grammes ; axonge de porc, soixante grammes.

20° Porreaux. — Ceux qui sont susceptibles d'être noués avec un fil sont très-faciles à détruire par ce moyen ; quant à ceux qui ont la base trop large, on doit les frotter tous les jours avec du lard ; mais ce moyen est fort long, il vaut mieux les détruire au moyen d'un bistouri, et les cautériser ensuite avec un fer rouge, des caustiques et la pierre infernale.

21° De la gale. — Le traitement de cette maladie consiste à frotter tous les jours les animaux avec une pommade faite d'une partie de fleur de soufre sur quatre de graisse de porc ; plusieurs autres pommades ou médicaments sont également propres à guérir la gale ; cependant comme la pommade au soufre est la plus connue et la plus facile à se procurer partout, elle est celle qui est la plus usitée.

Lorsque la gale est vieille, invétérée et opiniâtre, qu'elle présente une inflammation considérable, que la démangeaison est extrême, on devra commencer le traitement par la saignée, quelquefois par une légère purgation.

22° Fracture des cornes. — La fracture des cornes est complète lorsque le prolongement osseux du frontal qui constitue la base est tout à fait cassé, et à la surface fracturée se présente une ouverture par laquelle on peut voir jusque dans les sinus frontaux, qui communiquent avec les cavités nasales, de sorte qu'il y a ordinairement écoulement de sang par les naseaux.

Le premier soin à prendre, c'est d'arrêter l'hémorrhagie en couvrant la plaie de compresses imbibées de vinaigre que l'on tient humectées jusqu'à ce que l'écoulement du sang ait cessé. Quelquefois il est nécessaire de cautériser la plaie avec un fer rouge. On ne doit pas négliger de nettoyer les naseaux afin d'empêcher que le sang coagulé ne les bouche. L'hémorrhagie arrêtée, on panse la plaie avec des compresses imbibées d'eau-de-vie ou simplement d'eau fraîche, et l'on continue ce traitement jusqu'à la guérison qui a lieu au bout de quinze à vingt jours. Il est essentiel de tenir la plaie propre, en la lavant chaque jour avec de l'eau tiède, et de la couvrir de manière à la préserver du contact de l'air, de la poussière et des ordures qui tombent du râtelier. Si des parcelles d'os se détachent, si la plaie dégage une odeur fétide et qu'il en découle un pus jaune ou verdâtre, on la panse avec la teinture d'aloès et on la couvre de poudre de charbon.

Lorsque la fracture est incomplète, le noyau de la corne intact, la corne seulement est détachée de sa base. Si elle n'est détachée que d'un côté, on peut, au moment même où l'accident est arrivé, replacer la corne dans sa position naturelle, et la fixer soit avec du chanvre, soit avec une bande imbibée de blanc d'œuf, soit même avec de la colle forte, dont on couvre la fente ou la gerçure, en l'enveloppant ensuite avec une bande solidement fixée, et appliquée de manière à maintenir la corne à sa place. Il est essentiel que la bête soit placée de manière à ne pouvoir être heurtée. Si la corne proprement dite est détachée dans tout le pourtour de sa base, on ne doit pas essayer de la replacer, mais on fait d'un morceau de toile une gaîne dont on couvre le noyau de la corne, après l'avoir bien enduit d'un mélange d'huile de lin et de goudron. On fixe cet appareil au moyen d'un bandage approprié, et on le laisse ainsi jusqu'à guérison.

23° Des plaies. — On ne parlera ici que des plaies simples, celles qui peuvent se cicatriser sans suppuration, celles faites par accident, soit par un instrument tranchant, soit par un frottement quelconque ; celles qui n'ont pas besoin de ligatures de vaisseaux, ne pouvant par conséquent causer aucune hémorrhagie fâcheuse. Le traitement des plaies simples et nouvelles consiste à bien les nettoyer avec de l'eau fraîche, à les laisser saigner autant que possible, à bien rejoindre les chairs, et à bassiner le mal avec de l'eau-de-vie bien sucrée, couvrir la plaie d'une compresse fortement imbibée de cette liqueur, l'assujettir aussi bien que possible, et l'humecter de temps en temps avec le médicament. Au bout de deux ou trois jours le remède a produit son effet, et le mal est bien près de sa guérison. Lorsque la plaie exige des ligatures et que la suppuration s'établit, il faut aller chercher le vétérinaire.

24° Des meurtrissures et contusions. — Lorsque les meurtrissures et contusions sont récentes, un sûr moyen de les guérir promptement est de les frotter avec de l'eau-de-vie camphrée, et faute de cette dernière liqueur avec de l'eau-de-vie et du savon, ou du sucre. Lorsque la douleur est profonde, persistante, et a résisté à ce traitement, on aura recours aux cataplasmes astringents, faits avec de la pomme de terre cuite, imbibée d'extrait de saturne ; deux jours après, on emploiera les calmants, les cataplasmes émollients, de mauve ou de farine de lin.

25° Mal du pis des vaches. — Les trayons du pis peuvent être affectés de crevasses très-douloureuses, mais peu dangereuses. Elles sont difficiles à guérir, parce qu'elles sont chaque jour rouvertes par le tiraillement inévitable qui a lieu quand on trait. L'emploi d'un corps gras, comme le saindoux, ou du cérat composé d'huile et de cire jaune, adoucit la plaie et favorise la guérison.

Beaucoup de vaches ont le pis enflé après avoir mis bas ; cet accident est peu dangereux ; mais par suite d'un état maladif, ou de la négligence qu'on met à extraire le dernier lait après que le veau a teté, il se forme quelquefois dans les plis des indurations et des abcès. Ordinairement un seul trayon est affecté.

Lorsque l'engorgement est récent, on le combat par des fomentations émollientes, plus tard par des fomentations aromatiques, et si l'on s'aperçoit qu'il tende à l'induration, on emploie un mélange d'onguent d'althæa et d'huile de laurier, ou des frictions de liniment volatil camphré et mêlé d'onguent mercuriel. Dans tous les cas, il est important de traire à fond, et de faire sortir le lait plus ou moins épais, plus ou moins altéré. Si un abcès s'ouvre à l'extérieur, il faut le traiter comme une plaie simple, qu'on nettoie au moyen de lotions, d'injections d'eau tiède, et qu'on panse, s'il est nécessaire, avec le digestif simple, ou animé d'eau-de-vie ou de teinture d'aloès.

26° Des poux. — Les poux, comme tous les insectes,

périssent étouffés par le contact de toute substance grasse et liquide. Ainsi, on les détruit en lavant les parties qui en sont atteintes avec une eau de savon un peu forte, ou en les frottant d'huile. Les poux paraissent d'abord sur le cou ; de là ils gagnent les épaules, les oreilles et le dos. Sans attendre qu'ils aient le temps de se multiplier, il faut les frotter ; mais comme ce remède n'agit pas sur les œufs, il faut le continuer pendant quelques jours.

27° Mal au nombril des veaux. — Lorsqu'un veau est né il arrive quelquefois que la mère, en le léchant, arrache le cordon ombilical, et occasionne au nombril une inflammation plus ou moins forte. Il faut la combattre par des lotions émollientes d'eau de guimauve. Si malgré cette médication, un abcès se forme, on le panse avec le digestif et on le traite comme une plaie simple. Mais pour prévenir cet accident, dès qu'un veau est né, on doit lui barbouiller le nombril d'un peu de bouze de vache, qui empêche la mère de lécher cette partie.

28° Dépilation. — Il arrive souvent qu'après la cicatrisation d'une plaie, l'emplacement se trouve entièrement dénudé de poils ; lorsqu'on voudra le faire repousser sur la partie qui a été malade, on préparera une pommade faite avec une livre d'huile d'olive, dans laquelle on fera bouillir une forte poignée de persil, jusqu'à ce qu'il soit entièrement consommé par la cuisson. Lorsque cette pommade sera froïde, on en frottera l'emplacement dénudé de la plaie, deux ou trois fois par jour. Après quelques jours de friction, le poil reparaîtra comme avant.

29° De la fourbissure. — La fourbissure est une maladie particulière aux animaux qui sont pourvus de sabot. Elle naît d'une congestion du sang dans le tissu réticulaire du pied ; cette congestion occasionne l'inflammation de ce tissu ; elle présente les symptômes suivants : chaleur et sensibilité extrême dans le pied, difficulté qu'éprouve l'animal de s'appuyer dessus. Lorsque les quatre pieds sont attaqués en même temps, le malade ne pouvant presque plus se tenir, reste couché.

Les premiers soins applicables au traitement consistent à déferrer le pied, mettre l'animal à la diète et le faire boire blanc, entourer le membre malade d'un cataplasme astringent, fait avec des pommes de terre cuites fortement mouillées d'extrait de saturne, ou de la terre glaise humectée de bon vinaigre, ou d'une dissolution de sulfate de fer ; pratiquer la saignée si le cas l'exige ; pendant le cours du traitement, frictionner les jambes et les genoux avec de l'eau-de-vie camphrée, ou avec du vin fortement aromatisé. Si la maladie ne cède pas, on fera bien de consulter un vétérinaire.

30° De la rage. — Les animaux atteints de cette maladie sont tristes, abattus : on ne guérit pas de la rage, mais il est facile de la prévenir en lavant à grande eau et cautérisant de suite la plaie faite par la dent de l'animal enragé, c'est-à-dire avant que le virus ait pénétré dans le sang de l'animal mordu : on fera d'abord saigner la plaie autant que possible, ensuite on la lavera bien avec de l'eau claire renouvelée plusieurs fois de suite. L'eau dans laquelle on lavera devra être plutôt tiède que froide. On procédera ensuite à la cautérisation avec la pierre infernale, la pierre à cautère, le beurre d'antimoine, l'acide nitrique, sulfurique, et enfin avec un fer rouge, si l'on n'a pas d'autres caustiques à sa disposition. Quel que soit le caustique dont on fera usage, il faut toujours que la cautérisation soit profonde : la plaie une fois cautérisée, il est important de la tenir en suppuration au moins pendant un mois, à l'aide de quelque onguent irritant. Quant aux remèdes à prendre intérieurement pour la destruction du virus, il ne faut pas y avoir une trop grande confiance ; la cautérisation parfaite peut seule avoir des effets assurés. Rien ne vaut mieux pour guérir cette maladie qu'une goutte d'acide nitrique ou sulfurique.

31° Le charbon. — Le charbon est une affection gangréneuse qui affecte plusieurs formes chez le bœuf :

1° Il se montre plus particulièrement au poitrail, à la pointe des épaules, au fanon et sur les côtés ; c'est une tumeur d'abord du volume d'une noix, et qui fait de tels progrès en grosseur qu'en une demi-heure elle atteint souvent celle d'une tête d'homme ; elle ne tarde pas à se propager sous le ventre, sur l'épine, le cou, et à faire périr l'animal.

2° Une autre variété s'annonce par de simples taches blanches, livides ou noires, qui n'intéressent que la peau presque toujours soulevée et crépitante ; sa marche est moins rapide que la précédente, mais ses effets n'en sont pas moins funestes.

3° Une troisième variété, que l'on nomme charbon blanc, affecte indistinctement toutes les parties du corps, ne forme pas de tumeur, et ne se reconnaît qu'à une dureté plus ou moins enfoncée , ronde et circonscrite, ou par un enfoncement, résultat de la mortification des chairs gangrenées.

L'animal atteint de cette maladie est triste, abattu, inquiet et dégoûté. Pour porter remède au mal, quelles que soient d'ailleurs la nature de la tumeur et la place qu'elle occupe sur le corps de l'animal, il faut, dès qu'elle apparaît, l'extirper avec un bistouri, un canif ou un instrument tranchant quelconque, cautériser de suite la plaie avec une pierre à cautère ou la pierre infernale, le beurre d'antimoine ou un fer rouge; si l'on n'a pas d'autres moyens à sa disposition, des lotions dans les plaies avec l'essence de térébenthine ou l'application de poudre de quinquina, ou de poussière de charbon. On pourra faire prendre intérieurement du vin dans lequel on a fait bouillir une forte poignée de fruits de genévrier, ou une décoction de plantes amères, aromatiques, telles que la racine de gentiane, la petite centaurée, la sauge, la menthe, la lavande, etc. Mais il sera toujours bien de faire appeler un vétérinaire.

32° Coup de sang. — C'est une fièvre inflammatoire très-aiguë et qui se termine promptement par la gangrène. Les symptômes de cette maladie sont : la tristesse, perte d'appétit, les oreilles froides, la rumination cesse, tout le corps est chaud, la bouche est sèche et chaude, le poil hérissé, le pouls dur, plein et accéléré, l'urine transparente et rougeâtre, secrétée en petite quantité, le ventre tendu, surtout le côté gauche, la fiente dure, sèche, sous forme de crottins brun noirâtre, couverts d'un enduit muqueux jaunâtre, strié de sang, plus tard constipation complète.

Les bêtes ont la respiration gênée, l'air expiré est chaud; si on leur appuie la main sur le dos et les reins, elles plient le dos témoignant par des gémissements la douleur qu'on leur fait éprouver. Plus tard, elles ne plient plus et sont roides et immobiles. Enfin, si la maladie atteint son dernier période, les bêtes deviennent faibles ; une fois couchées, elles ne peuvent plus se relever; elles tremblent, la respiration devient de plus en plus gênée, plaintive; le corps se couvre de sueur, le ventre se gonfle, enfin la sueur se dessèche et quelques convulsions amènent la mort.

Dès qu'on s'aperçoit qu'une bête est attaquée du sang, on doit vider le rectum aussi loin que le bras peut atteindre. On administre des lavements émollients auxquels on ajoute une forte proportion d'huile en ayant soin qu'ils soient tièdes. On pratique ensuite une saignée à la jugulaire et on tire de 2 à 4 kilogr. de sang, suivant l'âge et la force de la bête ; et si l'inflammation continue, on la réitère plus tard. On administre ensuite le breuvage suivant : 30 grammes fleur de soufre, 30 grammes sel de nitre, 60 grammes sel de Glauber. On fait dissoudre les deux sels dans à peu près un quart de litre d'eau chaude ; on ajoute environ un litre d'une décoction mucilagineuse, comme graine de lin, mauve, son ; on délaye dans ce mélange la fleur de soufre, et après avoir bien mêlé, on le fait avaler à la bête.

Quand la maladie prend un caractère putride, que la bête est faible et abattue, on ajoute au premier breuvage un gros de camphre en poudre délayé dans un jaune d'œuf.

Des douches d'eau froide sur le dos ont été employées avec succès après la saignée, mais il faut les continuer sans interruption pendant quatre à cinq heures.

Lorsque les symptômes de la maladie ont disparu, on peut donner des amers toniques ; la racine de gentiane, les baies de genévrier et le sel remplissent cette destination. Durant la maladie les bêtes ne mangent pas du tout, mais témoignent une grande soif que l'on doit satisfaire. On leur donne de l'eau blanche avec 8 ou 15 grammes de nitre à chaque seau d'eau.

33° Fluxion des yeux. — Elle peut être produite par des corps étrangers introduits entre la paupière et le globe de l'œil, comme la poussière, les grains de sable, les moucherons, les brins de fourrage, les coups de fouet, les contusions, le contact subit d'un air très-froid, l'action des gaz ammoniacaux, etc. La première chose à faire est de s'assurer, s'il est possible, de la cause de la maladie ; si elle dépend d'une cause externe, d'un corps étranger, il faut l'enlever et donner des lotions d'eau fraîche ou d'un collyre astringent. Si l'ophthalmie est grave, il est nécessaire d'avoir recours à une saignée générale, à une demi-diète, à l'application sur l'œil de compresses imbibées d'un collyre calmant ; lorsque l'inflammation est diminuée, on passe un séton derrière l'oreille, et on revient aux collyres astringents.

34° Épizootie aphteuse ou cocote.—L'invasion de la maladie s'annonce par la tristesse, l'abattement, la perte de l'appétit, l'interruption de la rumination; les bêtes éprouvent des frissons, le poil est hérissé, les yeux deviennent troubles et larmoyants, le pouls est accéléré; la muqueuse du nez et de la bouche est enflammée, la langue est tuméfiée; l'air expiré est chaud, la bouche est remplie de bave et d'écume. Au bout de deux ou trois jours, il paraît à la langue, au palais, souvent aux naseaux et au mufle, des ampoules qui, après vingt-quatre heures crèvent et laissent écouler une sérosité jaunâtre et puante. Quelquefois chez les vaches tout le pis est rouge et enflammé, les veines contiennent de la sérosité, puis du pus.

Quelquefois la bouche seule est attaquée; chez les vaches ordinairement la bouche et les pieds sont affectés en même temps; dans l'affection des sabots, tout le pied est chaud, douloureux; les bêtes ne marchent qu'avec la plus grande difficulté; on remarque un gonflement et une forte rougeur à la couronne, aux talons et aux paturons, puis il se forme des ampoules sur tout le pourtour de la couronne et entre les ongles. Il en suinte d'abord une sérosité jaunâtre qui s'épaissit et exhale une odeur fétide. Le mal affecte parfois deux pieds seulement, parfois tous les quatre en même temps.

Quant au traitement, si la maladie est bénigne, il vaut mieux n'en faire aucun. Tous les astringents, irritants et dessiccatifs sont nuisibles. La saignée pratiquée à l'invasion de la maladie n'a produit aucun bon effet.

Les bêtes malades seront soumises à un régime rafraîchissant, relâchant; les aliments consisteront en fourrages verts et tendres, foin ou regain les meilleurs, racines cuites; boisson d'eau blanche, orge moulue, décoction de graine de lin.

L'animal devra toujours reposer sur de la litière fraîche et sèche; la bouche sera lavée au moins trois fois par jour, avec de l'eau légèrement acidulée de vinaigre, à laquelle on ajoutera un peu de miel ou une décoction de fleurs de sureau : on se sert d'un linge doux, en évitant d'irriter les plaies. Si des lambeaux de peau se détachent, on les coupe avec précaution.

Pour les pieds, on les lave plusieurs fois par jour avec de l'eau fraîche. Si l'on a à sa disposition un ruisseau ou réservoir, on y fait entrer la bête jusqu'au-dessus des boulets et on la laisse pendant un quart d'heure ; mais il faut éviter les refroidissements, il vaut mieux, dans ce cas, avoir un baquet de deux mètres carrés et vingt centimètres de profondeur, que l'on remplit d'eau à la température convenable, et dans lequel on fait entrer le malade; une petite quantité de chaux vive en addition pour colorer l'eau en blanc, produit toujours un bon effet.

Le pis des vaches doit être frotté avec du beurre frais, on lave avec une décoction émolliente. Si le mal s'annonce avec des symptômes graves, les sétons peuvent être avantageux; mais dans ce cas il faut appeler un homme instruit.

35° Pleurésie ou fluxion de poitrine.—Cette maladie naît d'une inflammation de la membrane qui tapisse la poitrine, et des organes qui y sont contenus. Elle est souvent produite par un refroidissement subit, par des boissons prises trop froides, dans le moment où les animaux transpirent. C'est, en un mot, une sueur rentrée, qu'il faut tâcher de rappeler à la peau le plus promptement possible, par tous les moyens à sa disposition: il faut agir avec assez de promptitude pour que la sueur soit rétablie avant que la maladie soit bien caractérisée.

Dès que l'on s'aperçoit du refroidissement, il faut mettre l'animal à la diète dans une étable chaude, lui donner de la litière nouvelle, le couvrir de couvertures brûlantes, lui faire avaler une forte infusion de sureau ou de bourrache, légèrement chaude, raser les faces inférieures de la poitrine, et y appliquer des sinapismes ou cataplasmes faits avec de la farine de moutarde et du vinaigre, frictionner l'animal à sec sur toute l'étendue du corps, et le tenir constamment à une température chaude. Souvent ce simple traitement suffit pour arrêter le mal; mais lorsque la fluxion de poitrine est bien déterminée, que le mal empire, il faut alors avoir recours à une abondante saignée, revenir aux sinapismes, aux saignées, même plusieurs fois dans les vingt-quatre heures.

Les sinapismes doivent être remplacés par des cataplasmes de graine de lin; dans tous les cas, l'animal doit être mis à une diète sévère, et tenu en repos sous une température chaude.

36ᶜ De la pulmonie ou pommelière. — La pulmonie est une inflammation de la substance des poumons, ordinairement accompagnée d'inflammation de la plèvre (enveloppe du poumon).

Les symptômes de la maladie, dans son début, sont si peu apparents qu'ordinairement on ne s'aperçoit de son existence que lorsqu'elle a déjà fait de grands progrès. Les causes de cette maladie ne sont pas connues, mais quoique la contagion soit contestée par quelques vétérinaires, on doit cependant mettre tous ses soins à s'en garantir.

Les premiers symptômes de la pulmonie sont peu apparents: d'abord de légers frissons, un hérissement du poil sur tout le long du dos; le mouvement des flancs plus prononcé, de faibles gémissements, une toux sèche, profonde, puis rauque; diminution du lait chez les vaches. La toux devient ensuite plus fréquente, la respiration plus accélérée et accompagnée de battements des flancs; le pouls donne de soixante à soixante-dix pulsations par minute; les bêtes sont tristes, perdent l'appétit, restent debout plus que de coutume, écartent les jambes de devant pour soulager la poitrine, etc.

Ces symptômes se développent d'une manière plus ou moins rapide, dans l'espace de huit jours à trois semaines; ils s'aggravent encore ensuite, et quelquefois les bêtes ne succombent qu'après deux mois, depuis l'invasion de la maladie.

Le traitement de la pulmonie est très-difficile, il ne peut être entrepris que par un homme de l'art, et dès l'instant où la maladie est apparente; encore a-t-on fait la remarque que les bêtes qu'on est parvenu à sauver, ne recouvrent jamais une santé parfaite: elles conservent une toux incommode, elles sont disposées à l'avortement, donnent moins de lait, et quand on finit par les livrer à la boucherie, on trouve toujours des lésions plus ou moins graves de poumons.

Si, par une cause quelconque la pulmonie vient à se déclarer, on sépare sur-le-champ les bêtes saines en les faisant sortir de l'étable infectée; on éloigne d'elles toutes les causes qui peuvent déterminer la maladie, et l'on prend pour la nourriture et le régime toutes les précautions à l'aide desquelles on peut espérer de les maintenir en bonne santé. Ainsi, on choisit les fourrages de la meilleure qualité, on donne des racines crues ou cuites ; pour boisson, l'eau blanchie de farine d'orge; on assaisonne tous les jours les aliments de sel, et on donne de temps à autre 15 grammes de sel de nitre qu'on administre dans une décoction mucilagineuse. On pratique sur chaque bête une saignée et l'on passe un séton au poitrail, ou bien par des frictions irritantes, on établit sur les côtés de la poitrine des vésicatoires qu'on entretient en suppuration pendant quelques semaines.

57° Pissement de sang. — Le traitement de cette maladie est simple : il consiste en une ou deux petites saignées dans le principe, et seulement quand les symptômes inflammatoires ont une certaine intensité, puis en breuvage une décoction de graine de lin légèrement nitrée ; on applique un sachet émollient sur les reins, on tient les animaux chaudement et on les met à la diète. Quand ils vont mieux, on leur donne de l'eau blanche et une petite quantité de bon foin. Ce traitement procure ordinairement la guérison au bout de huit jours.

38° Tournis. — Cette maladie est déterminée par la présence dans le cerveau d'une espèce de ver hydatide, et le traitement n'en peut être efficace qu'autant qu'on l'a extrait du cerveau, où il exerce une compression. On ne peut y parvenir qu'à l'aide d'opérations chirugicales, et le meilleur est de vendre l'animal à la boucherie.

39° Limace. — Affection ulcéreuse du pied, ayant son siége entre les deux onglons, et attaquant la peau de cette partie ; la partie enflammée, d'abord rouge et rugueuse, blanchit et se couvre d'une matière de consistance butyreuse d'une odeur fétide. Bientôt il se forme des crevasses, qui ne tardent pas à dégénérer en ulcère dont les bords sont calleux. Cette plaie augmente en profondeur, finit par mettre le ligament à découvert, et le corrode. Cette maladie est très-opiniâtre, et résiste souvent aux traitements que l'on emploie. A son début des bains de rivière peuvent avoir un bon effet ; si l'inflammation est développée, on a recours aux cataplasmes émollients ; s'il y a du mieux, on emploie les astringents et les dessiccatifs, l'extrait de saturne et la solution de vitriol bleu ; mais si la plaie s'ulcère, il faut la panser, avec de l'onguent égyptiac, que l'on rend plus énergique au besoin en y ajoutant un peu de sublimé corrosif. Lorsque l'état ulcéreux disparaît, on panse avec des plumasseaux imbibés d'eau-de-vie ou de teinture d'aloès.

40° Du part ordinaire.—Quoique le plus souvent, chez les femelles domestiques, l'accouchement se fasse avec facilité et sans secours étranger, il est des cas cependant ou l'aide de l'homme devient utile. Ainsi l'excès où défaut de forces chez la mère, ou l'excès de grosseur du petit animal constituent le part laborieux. Un volume disproportionné du petit sujet, une fausse position ou une mauvaise conformation de la mère, rendent le part impossible. On va d'abord décrire la marche d'une délivrance heureuse.

Depuis le moment de la conception jusqu'à celui du part, le veau conserve dans la matrice la même position; il a la tête du côté de la vulve et la croupe du côté de là poitrine de sa mère; la tête est placée de manière que sa bouche se rapproche de son poitrail, et les quatre jambes sont repliées sous le corps. Il a le dos en haut vers le dos de sa mère, ou bien il est penché soit d'un côté, soit de l'autre. Lorsque le moment de la naissance arrive, la tête se relève, et les jambes de devant s'allongent, le col de la matrice s'ouvre, et le jeune animal, poussé par ses contractions, s'avance dans le vagin, et s'engage dans le passage que forment les os du bassin dont la dilatation a commencé plusieurs jours avant. La vulve s'entr'ouvre, et on voit d'abord paraître une vessie qui ne tarde pas à crever en laissant échapper l'eau qu'elle contient et dans laquelle nageait le fœtus. Alors se montrent les deux pieds de devant, puis le museau, la tête étant appuyée sur les jambes. Les efforts de la mère deviennent plus violents, la tête franchit le passage, et bientôt le nouveau-né est là tout entier.

On peut aider la vache en tirant le veau par les pieds, mais on ne doit le faire que lorsque la vache a des efforts; il ne faut pas se presser, on doit plutôt aider la nature.

Peu d'heures après qu'elle a mis bas, la vache se débarrasse ordinairement, sans secours, du délivre. Si cela n'a pas lieu, on peut le lui ôter; mais pour cela aussi, une main exercée est nécessaire, et le plus sûr est de laisser agir la nature. On facilite la sortie du délivre par des injections émollientes et par des fomentations froides sur les reins : on applique sur cette partie une toile, un sac bien trempé dans l'eau froide, et qu'on humecte fréquemment; lorsque le délivre n'est pas sorti au bout de vingt-quatre heures, il faut donner un breuvage vineux aromatisé avec la cannelle ou la muscade dans la proportion d'une à deux bouteilles, ou plutôt il faut prendre 31 grammes d'ergot de seigle en poudre, 190 grammes de miel délayés dans un litre de vin tiède, et administrer sur-le-champ. Au besoin on réitère deux ou trois fois cette potion. Lorsque malgré cela le délivre n'est point sorti, quarante-huit heures après l'accouchement, il faut, sans attendre plus longtemps, extraire le délivre par des manipulations particulières. Mais si cette opération est mal faite, elle est suivie d'hémorrhagie, ou du renversement de la matrice, et si elle est incomplète, la portion qui reste dans la matrice se putréfie bientôt, et est rejetée par morceaux, et si la bête ne meurt pas de fièvre putride, elle maigrit et éprouve une diminution notable dans la quantité de lait qu'elle fournit.

Lorsqu'il y a plus de trois jours que le part a eu lieu, le resserrement de l'entrée de la matrice empêche qu'on ne puisse extraire le délivre avec la main; il faut alors, pour hâter l'expulsion, faire des injections d'eau aromatisée tiède dans le vagin, en ayant soin de pousser le liquide jusque dans la matrice.

Les soins à donner à la vache qui vient de mettre bas se bornent à la préserver des refroidissements et surtout des indigestions, cause la plus ordinaire d'accidents. On doit, au moins pendant les premiers huit jours, ne la nourrir que de bon foin, en petite quantité, et lui donner pour boisson de l'eau tiède, dans laquelle on délaye un peu de farine. On lui donne à boire une demi-heure 'après qu'elle a mis bas, ensuite trois fois par jour, et autant qu'elle veut boire.

Souvent elles sont exposées à avoir le pis rouge et enflé au moment où elles mettent bas. Ce mal n'est pas dangereux. On doit préserver la bête du froid et des courants d'air, lui frotter légèrement le pis avec son propre lait ou un peu de saindoux; dans un cas de forte enflure, on emploie avec succès les fumigations de fleurs de sureau.

41° Part laborieux. — Le part laborieux peut dépendre, de la part de la mère, d'un excès de forces; le meilleur moyen est alors de pratiquer une saignée afin de modérer les efforts, tenir la bête chaudement, donner de l'eau dégourdie et miellée pour apaiser la soif, ordinairement très-vive. Une faiblesse apparente se montre quelquefois à la suite d'un excès de force, mais cet état est de courte durée, et disparaît peu de temps après la saignée.

Lorsque, au contraire, la longueur de l'accouchement dépend d'une faiblesse réelle, on donnera un breuvage, du vin blanc, bière, cidre chaud et aromatisé avec de la cannelle ou de la muscade, dans la proportion d'un ou deux litres; si ce moyen ne réussit pas, on devra opérer des tractions sur le fœtus; mais ces tractions doivent être très-modérées et s'exercer à la fois sur la tête et les membres. On se sert aussi de ce dernier moyen lorsque le volume du petit animal dépasse la capacité du bassin de la mère.

42° Part impossible. — L'accouchement est impossible naturellement et même laborieusement, lorsque : 1° le fœtus a de mauvaises positions ou une mauvaise conformation; 2° lorsque la matrice ou le bassin de la mère sont mal conformés. Dans le premier cas, il faut repousser le fœtus dans la matrice pour faire présenter en premier lieu les parties qui doivent naturellement sortir les premières; mais il faut pour cela un praticien; un opérateur inhabile parviendrait seulement à faire périr la mère et le petit ou à compromettre gravement leurs existences.

La mère peut être mal conformée par l'étroitesse du bassin, l'induration du col de la matrice, enfin des excroissances charnues, développées soit dans la matrice, soit dans le vagin. Généralement, dans ce cas, il faut sacrifier la vie du fœtus pour conserver la mère, que l'on vend à la boucherie lorsqu'elle est rétablie.

43° Renversement du vagin et de la matrice. — Il arrive souvent qu'à la suite d'un part laborieux, d'un avortement ou d'une délivrance difficile, le vagin se renverse seul, ou que ce renversement soit suivi ou accompagné de celui de la matrice. Dans le premier cas, la tumeur est d'autant plus considérable que le renversement est plus complet, se montre au dehors et sort par la vulve; sa surface est celle d'une membrane muqueuse de couleur variable du rouge clair au violacé.

Le renversement de la matrice ressemble à une tumeur très-volumineuse, allongée en forme de poire, figurant une espèce de grand sac qui sort par la vulve. Cette tumeur est de la même couleur que le vagin renversé. On aperçoit par place sur la surface des espèces de gros mamelons qui se sont développés pendant la gestation. Lorsque la sortie de la matrice est complète, elle pend jusque sur les jarrets de la femelle quand elle est debout.

Il est urgent de remédier au plutôt à un état de chose qui pourrait compromettre la vie de la femelle. La rentrée de l'organe déplacé, son rétablissement à l'aide de manipulations particulières et bien entendues, dans sa position normale, et l'emploi de moyens propres à le contenir, dans cette position, sont les indications qui se présentent à remplir.

Mais pour cela, il faut l'expérience d'un homme habile ; la tumeur doit être nettoyée et lavée avec de l'eau émolliente tiède lorsqu'elle est vivement enflammée, et avec du cidre, de la bière ou du vin tiède lorsque sa teinte est pâle, blâfarde ou plombée. Le rectum doit être vide de tous ses excréments. On procède ensuite à enlever les restes de délivre qui seraient attachés à la matrice, ainsi que les mamelons dont nous avons parlé plus haut ; alors on saisit la masse de la matrice par la plus grande corne, on la pousse par la vulve, en faisant en sorte de la faire arriver jusqu'au bassin en agissant graduellement. L'opération terminée, il s'agit d'employer un bandage pour empêcher une nouvelle sortie de l'organe, et l'expérience indiquera de quelle manière on devra le placer.

44° Inflammation de la matrice. — L'inflammation de la matrice succède ordinairement au part laborieux. La vache éprouve des douleurs de matrice qui déterminent des efforts semblables à ceux qui précèdent l'accouchement. Le vagin et la vulve sont rouges, tuméfiés, secs au commencement de la maladie ; plus tard, il en suinte une humeur sanieuse et de mauvaise odeur. L'urine est rare, colorée, la fiente, sèche, noirâtre.

Le traitement de cette maladie est le même que celui des autres inflammations. Cependant il ne faut employer la saignée qu'avec une grande prudence, pour ne pas trop affaiblir une bête déjà épuisée par le travail du part. On donne des breuvages mucilagineux plusieurs fois par jour en y ajoutant 120 grammes d'huile de lin, et 15 grammes de sel de nitre. Extérieurement on applique sur les reins des cataplasmes émollients ; on fait des injections émollientes et adoucissantes, dans le vagin et la matrice, avec du lait chaud dans lequel on a fait cuire quelques têtes de pavots, ou de la fleur de sureau. S'il sort de la vulve de la pourriture, les injections doivent être faites avec une infusion de plantes aromatiques, telles que l'absinthe, le thym, la mélisse. On doit toujours donner à boire de l'eau dans laquelle on fait dissoudre du tourteau de lin ou bien que l'on mélange avec de la farine.

45° De l'avortement. — Rien ne peut faire prévoir l'avortement, lorsqu'il a lieu au terme ordinaire de la gestation; mais lorsqu'il a lieu avant cette époque, quelques signes le précèdent et l'annoncent. L'animal est triste, ses mamelles sont flétries, son flanc creux; il éprouve des envies fréquentes d'uriner et de fienter; puis enfin ses efforts finissent par expulser le fœtus. Lorsque celui-ci est déjà mort depuis quelque temps, il s'écoule par la vulve un liquide sanguinolent et fétide.

On doit donner à la femelle les mêmes soins que ceux pour la parturition, et lorsque les mamelles s'emplissent et deviennent douloureuses, il faut la traire pendant quelques jours.

46° Fièvre de lait. — Les femelles sont sujettes à la fièvre de lait; elle s'annonce par un accès de fièvre, tristesse, poil hérissé, frisson, tremblement dans les cuisses, enflure du pis et diminution du lait.

Les moyens curatifs doivent tendre à rappeler à la superficie la circulation qui paraît être concentrée dans les organes intérieurs, aussi doit-on employer les excitants et les stimulants; il faut aussi favoriser le dégonflement du pis, par des lotions chaudes, des fumigations, infusions de fleurs de sureau, onction d'onguent de laurier ou de populeum, ou un faible liniment volatil camphré.

DES MOUTONS.

1° De la saignée. — On saigne rarement le mouton,

car cet animal est plus sujet à périr par défaut que par
excès de sang ; néanmoins il est des cas où cette opération devient nécessaire ; mais il ne faut jamais tirer plus
de 250 à 300 grammes de sang. On pratique cette opération, sur la jugulaire, la veine saphène et l'angulaire. On
a déjà décrit la manière de faire les deux premières,
voici comment on pratique la troisième :

Cette saignée se fait sur le bas de la joue du mouton, au niveau de la racine de la quatrième dent
machelière. L'espace qu'elle occupe est marqué sur la
surface extrême de l'os de la mâchoire de dessus, par
un tubercule assez saillant, pour être sensible au doigt,
lorsqu'on touche la peau de la joue. Ce tubercule est un
indice très-certain pour trouver la veine angulaire qui
passe au-dessous. Cette veine s'étend depuis le bord inférieur de la mâchoire de dessous, près de son angle,
jusqu'au-dessous du tubercule dont on vient de parler,
plus loin la veine se recourbe et se prolonge jusqu'au
trou sourcilier.

Pour faire cette saignée, on place le mouton entre ses
jambes, on empoigne la mâchoire avec la main gauche
de manière à ce que les doigts compriment la veine qui
passe à la partie postérieure, on fait alors avec la main
droite l'ouverture de la saignée du bas en haut, à un
demi-travers de doigt au-dessous de l'éminence dont
nous avons parlé.

2° La gale. — La gale apparaît le plus souvent sur
le dos, la croupe et les flancs ; de ces régions, cette
maladie se propage sur tout le corps. Si l'on écarte la
toison, on trouve la peau dure, rude, tuméfiée et couverte de petites pustules. La laine est altérée, sèche, col-
lante, sans élasticité. Le traitement est le même que
celui pour les bêtes à cornes, cependant voici une formule
dont l'expérience a démontré l'efficacité : 250 grammes
fleur de soufre, 120 grammes sulfure d'antimoine, 30

grammes cantharides en poudre, 30 grammes euphorbe. Quand on veut se servir de cette poudre, qui du reste se conserve longtemps, on la mélange avec trois parties de graisse de porc. Il existe aussi nombre de remèdes anti-psoriques : ainsi prenez une partie d'essence de térében-thine et trois de graisse, soit par égale partie, de poudre à canon, sel gris et soufre, unis ensemble par un peu d'essence de lavande, soit dans 250 grammes de graisse de porc, 30 grammes de mercure et autant de vert-de-gris. On applique tous ces remèdes en écartant la laine, mais lorsque l'invasion est générale il faut avoir recours à la tonte.

3° **La clavelée.** — La clavelée est une maladie conta-gieuse, bien qu'elle n'attaque qu'une seule fois le même animal. Elle consiste en une éruption considérable de petits boutons, couvrant presque toute l'étendue de la peau de l'animal.

Lorsqu'un troupeau est affecté de la clavelée, dans quelques-uns de ses moutons, il faut se hâter de séparer l'animal ou les animaux malades, les éloigner autant que possible de la bergerie, changer de suite d'étable les moutons non encore atteints ; celles dans lesquelles on les place doivent être bien aérées et chaudes en même temps ; elles seront tenues dans le plus grand état de propreté ; le troupeau en sortira souvent, même plu-sieurs fois par jour, pour respirer le bon air, et se pro-mener ; ayant soin toutefois d'éviter les rosées froides du matin, et les trop grandes chaleurs de la journée. Quand au régime à faire tenir au mouton affecté de cette ma-ladie, on doit se contenter de diminuer un peu la nour-riture ordinaire et de mettre dans la boisson un peu de sel et de vinaigre : c'est là le seul traitement à suivre pour guérir cette maladie dont les symptômes sont quelquefois alarmants, et les suites très-fâcheuses, car souvent les moutons périssent. La clavelée est la petite vérole des moutons; en l'inoculant elle est moins dangereuse.

4° Vivrogne. — Cette maladie a une grande analogie avec les dartres et la gale, et siége ordinairement sur le museau, d'où elle s'étend quelquefois aux côtés de la tête jusqu'aux oreilles; on la reconnaît à des croûtes brunes plus ou moins larges. La malpropreté en est la cause la plus ordinaire. On remédie à cette maladie en frottant les parties malades, avec une pommade composée d'une partie de fleur de soufre et deux parties de graisse. Il serait bon de mettre à part les bêtes qui en sont attaquées, car elle est considérée comme contagieuse.

5° Muguet des agneaux. — C'est une espèce d'aphthe, ou de chancre qui survient dans la bouche, et qui tourmente les jeunes animaux au point de les empêcher de teter, et parfois de les faire mourir, faute de nourriture. Les causes en sont à peu près inconnues. Il faut faire un mélange de poivre, de sel et de vinaigre, et cautériser fortement la bouche et les lèvres, avec un pinceau trempé dans ce mélange; ce remède procure ordinairement la guérison. Mais en même temps il est nécessaire de faire boire du lait aux agneaux afin de les empêcher de mourir de faim.

6° Araignée pal de pis. — Cette maladie se traite comme celle qui affecte les bêtes à cornes et dont on a parlé plus haut.

7° Sang de rate ou coup de sang. — Maladie apoplectique que rien ne peut faire prévoir; l'animal paraît étourdi, chancelle, trébuche, ouvre la bouche, écume, et rend du sang avec l'urine et les excréments; bientôt il tombe à la renverse, bat du flanc, râle et meurt. La mortalité semble sévir de préférence sur les animaux les plus robustes. Cette maladie est attribuée généralement à l'influence d'une nourriture trop substantielle, des grandes chaleurs et des sécheresses prolongées.

Il n'y a rien à attendre d'une bête qui est attaquée, car la maladie est inévitablement mortelle. Mais on doit soumettre le troupeau à un traitement préservatif. On doit saigner sur-le-champ tous les individus qui, par leur force, par leurs yeux injectés de sang, les lèvres et la bouche vermeille, annoncent un état de pléthore. Il faut mêler 1 kilogramme de sel par jour pour 100 moutons, avoir soin de les faire boire fréquemment pendant l'été, ne pas les tenir trop chaudement dans la bergerie, et leur faire manger du vert au printemps le plus tôt possible.

8° Pourriture, cachexie aqueuse. — Les progrès de cette affection sont très-lents; la bête a une démarche languissante, elle mange peu et rumine d'une manière irrégulière; plus tard, les yeux et la bouche sont décolorés; l'animal plie quand on lui presse le dos avec la main, la laine se détache à la moindre traction; enfin, il se développe sous la ganache une tumeur que l'on nomme bouteille ou goître et qui se dissipe pendant la nuit. Peu après l'animal tombe dans le marasme et périt.

Aux premiers indices de cette maladie, on mettra du fer dans la boisson des bêtes à laine, on leur fera boire des décoctions de sauge, de lavande, d'hysope, de thym, de baies de genevrier, et mieux encore du vin que l'on donnera par trois ou quatre cuillerées à la fois; mais une nourriture sèche, de bonne qualité, convient pardessus tout. Ces moyens ne peuvent être employés que dans la pourriture commençante, car celle qui est avancée est inévitablement mortelle, à moins qu'on n'emploie l'iode à haute dose.

9° Le tournis. — Cette affection, qui est produite par la présence de vers dans le cerveau, est tout à fait semblable au tournis des bêtes à cornes.

10° Météorisation. — Cette maladie se traite comme celle des bêtes à cornes, seulement, lorsqu'on emploie l'alcali, il ne faut pas dépasser le nombre de 25 gouttes dans un quart de litre d'eau.

11° OEstres du nez. — C'est une espèce de larve qui naît, croît et se développe dans le nez des bêtes à laine; l'animal, pour s'en débarrasser, secoue la tête, s'ébroue de temps en temps, et tourne comme s'il était atteint du tournis. Pour en faciliter la sortie, ou les faire périr, il faut exposer les malades à la vapeur de l'essence de térébenthine, ou bien en brûlant de vieux cuirs dans un bocal étroit, bien bouché, où l'on enfermera les bêtes atteintes. Si ces moyens ne réussissent pas, on est obligé d'enlever ces larves à l'aide du trépan.

12° Chancre de la bouche. — Ce chancre, qui est contagieux, se montre sur la gencive inférieure, quelquefois aussi sur la supérieure, d'où il peut s'étendre sur le palais, le museau et les lèvres. On combat cette affection par la cautérisation avec l'acide nitrique; on la fait non-seulement sur les chancres bien développés, mais encore sur ceux qui sont à l'état de tumeur commençante, en les fendant avec le bistouri. Le point touché forme un escarre qui tombe bientôt; si, après sa chute, la plaie fournit du pus, il faut continuer la cautérisation jusqu'à guérison complète.

13° Piétin, fourchet. — Le piétin est une maladie des pieds consistant en un ulcère qui attaque d'abord le sabot et ensuite altère progressivement les parties intérieures. Cette affection se déclare ordinairement vers la partie du biseau de l'ongle, du côté du talon. Cette partie de l'ongle se décolle avant l'apparition de l'ulcère, qui s'annonce par une légère inflammation sans abcès, creusant plutôt que de s'élever ; le pied devient chaud et douloureux ; l'animal boite ; la portion de la corne détachée durcit et fendille. Lorsque plusieurs pieds sont attaqués, la bête reste couchée. Le piétin peut non-seulement occasionner la chute de l'onglon, mais encore porter la désorganisation dans toute l'économie et donner la mort.

Les causes de cette maladie sont le piétinement dans la boue, le trop long séjour sur de vieilles litières, la mauvaise nourriture. Elle est contagieuse, aussi faut-il avoir le plus grand soin de séparer les individus malades. Lorsque la maladie a déjà fait des progrès, il faut enlever les portions de cornes qui sont séparées des chairs, ainsi que les chairs filandreuses, et cautériser avec un peu d'acide nitrique ou sulfurique ou du sulfate de cuivre réduit en poudre, légèrement humecté, avant de le mettre sur la plaie.

Mais lorsque la maladie a envahi une étable et que déjà plusieurs bêtes sont attaquées, il faut faire un traitement qui devient curatif lorsqu'elle n'est pas arrivée à son dernier période et préservatif pour les autres bêtes du troupeau : on fait confectionner un bac en planche de la largeur de la porte de l'étable, de deux mètres de long et 0 mètre 10 centimètres de profondeur, on le remplit d'eau de chaux et on force tout le troupeau à le traverser pour entrer et sortir ; en renouvelant ce bain de pied deux fois par jour pendant quinze jours, il est rare qu'on ait besoin de faire d'autres remèdes.

MALADIES DES PORCS.

1° Maladie vermineuse. — Les porcs sont sujets à avoir des vers dans le canal intestinal, dont les organes sont énervés. On reconnaît cette maladie en voyant dépérir l'animal chaque jour tout en conservant son appétit, tousser souvent, rendre ses excréments tantôt liquides, tantôt durs, avoir des coliques et quelquefois même des convulsions. Dans ce cas il faut mêler à sa nourriture 40 grammes d'étain râpé, continuer ce remède trois ou quatre jours, en donnant en même temps une décoction amère de tanaisie d'absinthe et en mêlant du sel à la buvée.

2° Ladrerie. — Nous avons déjà dit que cette maladie consistait dans des hydatides ou petits vers blancs ou bleuâtres qui se trouvaient dans le lard et la chair de l'animal. On la reconnaît en visitant la langue où on constate la présence de ces petits animaux à la superficie; le porc ladre est triste, ses oreilles se penchent, sa queue est et reste allongée, sa voix est rauque et il engraisse difficilement. Il faut alors mélanger à sa nourriture 8 grammes de sulfate d'antimoine réduit en poudre, et continuer ce remède pendant trois semaines en alternant d'un jour à autre avec 16 grammes de sel marin et autant de moutarde.

3° Pourriture des soies. — Cette maladie provient de la malpropreté, du défaut d'exercice, et du séjour dans un endroit malsain. Elle se reconnaît par la perte de l'appétit, des forces, la lassitude, la paresse, la gencive est enflée il en sort du sang à la moindre pression. Il faut pour combattre cet état changer le porc d'étable, lui donner du vert ou du fruit pour nourriture, le faire promener, le faire baigner s'il ne fait pas trop froid, et lui donner journellement 2 à 5 kilos de décoction de plante amère en y associant autant de lait de chaux.

4° Petite vérole. — L'animal porte les oreilles en arrière, devient languissant ; les soies sont hérissées, les yeux ternes, l'appétit presque nul. Au troisième ou quatrième jour on aperçoit des taches rouges qui grossissent jusqu'au quatrième, elles fléchissent alors au centre et suppurent ; vers le dixième jour les boutons sont tous blancs et couverts d'une croûte qui tombe vers le douzième jour. Il faut donner aux porcs faits du lait acidulé pour boisson ou de l'eau avec du levain. Si l'éruption se fait trop lentement, administrer dans du lait frais 2 à 3 centigrammes d'ellébore blanc pour les jeunes porcelets, et 6 à 7 pour les gros porcs.

5° Bosse des soies ou maladie charbonneuse. — La privation de nourriture ou sa mauvaise qualité, le manque d'eau, le trop ou trop peu d'exercice, sont autant de causes de cette maladie. Le soufle est accéleré, chaud et fiévreux, il y a absence d'appétit et grincement de dents. Au cou et derrière les parotides on remarque douze ou quinze soies droites hérissées d'une teinte plus terne, à cet endroit existe une petite tumeur. On doit donner toutes les trois heures une décoction d'absinthe avec un demi-kilo de vinaigre et brûler avec un fer rouge toutes les parties où la peau est décolorée. On les enduit ensuite avec de la graisse et on se sert pour les plaies de vitriol bleu ; mais il faut avoir bien soin d'enterrer profondément l'animal après sa mort, car cette maladie est contagieuse même pour les hommes.

6° La boucle ou charbon à la langue est une maladie de la même nature que la précédente : il pousse dans l'intérieur de la bouche une vésicule blanchâtre qui devient brune, noirâtre et gangrenée, il faut aussitôt qu'on s'en apercevra crever cette vessie avec un instrument et frotter la place avec du sel ammoniac dissous dans du vinaigre. On donnera ensuite des boissons acides et amères.

7° Aphthes ou mal de pied. — Nous avons traité de cette maladie à l'article des bêtes à cornes et à laine, le traitement est absolument le même pour les porcs.

8° Maladie pédiculaire. — Cette maladie peut avoir deux causes, le manque de soins et la malpropreté ; en remédiant à ces causes, l'affection disparaîtra facilement. Mais lorsqu'elle provient d'un état de faiblesse et de débilité, elle est très-difficile à guérir ; il faut faire avaler 8 grammes de sulfure de mercure mêlés de 36 grammes de sel marin, et bassiner les endroits vermineux avec 2 litres de vinaigre, 1 litre d'eau et 16 grammes d'arsenic, le tout bouilli ensemble jusqu'à ce que l'arsenic soit dissous.

9° Esquinancie. — Cette maladie peut tuer les porcs dans les 24 heures ; on la distingue par l'enflure du cou ; on doit s'empresser de lui passer un cordon de crin enduit de mouches cantharides à travers cette enflure et le remuer chaque jour eu renouvelant l'enduit. On lui fait prendre ensuite tant en boisson qu'en lavement 250 grammes du remède ainsi préparé : 2 kilos d'infusion d'absinthe très-forte, 500 grammes de vinaigre, le tout bien mélangé ; il faut en faire prendre à plusieurs fois. Cette maladie est contagieuse.

10° L'engravée. — Par suite de longues marches, il vient des inflammations à la couronne autour des onglets et à la sole charnue du pied ; il faut alors conduire les animaux toutes les deux heures à l'eau et les y laisser une demi-heure ; lorsqu'un seul porc est attaqué, on peut lui envelopper les pieds d'argile et d'eau de saturne.

11° Avortement. — L'avortement provient ordinairement d'une trop bonne ou trop mauvaise nourriture, ou bien de coups sur le groin ou sur le ventre. Aussitôt que l'on reconnaîtra cette disposition, il faudra placer la truie à part ; si elle est sanguine ou replète, on lui coupe les oreilles et la queue ; si elle est maigre, il ne faut pas saigner, on lui fait prendre au contraire deux grammes d'opium avec un aliment, et on lui donne une nourriture fortifiante.

12° Cours de ventre. — La diète, les premiers jours, et ensuite de bons aliments, quelques lavements d'eau tiède avec 5 à 10 gouttes de laudanum sont le remède le plus efficace.

13° Vers aux oreilles. — Quelquefois les oreilles sont sujettes à se fendre et les mouches viennent déposer leurs œufs dans ces plaies, ce qui engendre des vers ; il faut enduire les parties blessées avec un mélange de deux parties de goudron et d'une d'huile de térébenthine.

14° Tumeurs aux oreilles. — La tumeur doit être ouverte et injectée avec de l'eau de vitriol bleu, et la plaie guérira ensuite d'elle-même.

15° Onglet dans les yeux. — C'est une inflammation de la membrane sur le coin interne de l'œil. Il faut diminuer la nourriture du malade et bassiner les yeux deux ou trois fois par jour avec 3 ou 4 grammes de vitriol blanc dissous dans un kilo d'eau.

16° La gale. — Nous avons parlé du traitement de la gale pour d'autres animaux ; pour les porcs c'est absolument le même.

17° Chute du rectum. — Cet accident est produit ordinairement par une inflammation des intestins ; il faut donc la combattre par un changement de régime, par une nourriture cuite et facile à digérer. Si la partie du rectum qui est sortie est d'une couleur pâle, il faut la bassiner avec du vin et de l'eau tiède, et la faire rentrer ; on injecte ensuite l'anus avec cette même liqueur plusieurs fois par jour et pendant deux ou trois jours. Si la partie du rectum est rouge, il faut faire les lotions avec de l'eau fraîche ; mais si elle est noire et charbonneuse l'animal est perdu.

18° Hémorrhoïdes. — Cette maladie provient de l'inflammation de la muqueuse du rectum ; elle se reconnaît par de petites tumeurs rouges, grosses comme des noisettes, qui couronnent le bord inférieur de l'anus ; elle est souvent produite par un régime trop nourrissant et trop abondant ; il faut donc retrancher un peu de cette nourriture et donner chaque jour 250 grammes d'huile et des lavements mucilagineux ; on lave les tumeurs avec cette même décoction tiède et un peu acidulée.

19° Jaunisse. — Cette maladie a pour cause immédiate l'inflammation aiguë ou chronique du foie. On doit donner à l'animal des aliments cuits et de facile digestion ; si la jaunisse a duré déjà quelques jours, on doit employer le séton.

FIN.

Paris. — Imprimé par E. Thunot et Cᵉ, 26, rue Racine.

www.ingramcontent.com/pod-product-compliance
Lightning Source LLC
LaVergne TN
LVHW021443170726
843501LV00005B/1480